我最爱吃的菇料理

贺师傅教你严选食材做好菜 广受欢迎的各种食材料理

加 贝 ◎ 著

译林出版社

图书在版编目（CIP）数据

我最爱吃的菇料理 ／ 加贝著 . －－ 南京 ：译林出版社，2015.5
（贺师傅幸福厨房系列）
ISBN 978－7－5447－5473－6

Ⅰ . ①我… Ⅱ . ①加… Ⅲ . ①蘑菇－菜谱 Ⅳ .
① TS972.123

中国版本图书馆 CIP 数据核字 (2015) 第 106504 号

书　　名	**我最爱吃的菇料理**	
作　　者	加　贝	
责任编辑	陆元昶	
特约编辑	易　超	
出版发行	凤凰出版传媒股份有限公司	
	译林出版社	
出版社地址	南京市湖南路1号A楼，邮编：210009	
电子信箱	yilin@yilin.com	
出版社网址	http://www.yilin.com	
印　　刷	北京京都六环印刷厂	
开　　本	710×1000毫米　　1/16	
印　　张	8	
字　　数	27千字	
版　　次	2015年7月第1版　　　2015年7月第1次印刷	
书　　号	ISBN 978－7－5447－5473－6	
定　　价	25.00元	

译林版图书若有印装错误可向承印厂调换

目 录

齿间的跳动
拌炒菇料理

味蕾的记忆
炖烧焖菇料理

CONTENTS

滋味的留恋
蒸煮菇料理

将小米椒、青椒、蒜末、盐和鸡精调成汁料，浇在虫草花上，可以增加虫草花的鲜香美味。

菇类的品种及营养价值

菇类是许多人都喜爱的食物，不仅味道鲜美，
还富含蛋白质及矿物质等各种营养成分，对人体十分有益，
但菇类包含许多品种，成效也有所不同，
在这里，我们就几种常见的菇类做一下简单介绍：

品种	营养价值	功效
香菇	香菇被誉为"菌类皇后"，其中维生素D含量比大豆高20倍，比海带高8倍，菇蛋白中含有18种氨基酸。	提高机体免疫功能、延缓衰老、防癌抗癌、降血压、降血脂、降胆固醇等。
茶树菇	茶树菇被誉为"中华神菇"，含有丰富的蛋白质、B族维生素和钾、钠、钙、镁、铁、锌等矿物质元素。	利尿渗湿、美容、降血压、增强免疫力等。
平菇	平菇含有抗肿瘤细胞的多糖体，能提高机体免疫力，含有丰富的氨基酸、蛋白质、牛磺酸等。	增强免疫力、调理疾病、舒筋活血、延年益寿、促进大脑发育等。
金针菇	金针菇具有热量低、高蛋白、高氨基酸、低脂肪、多糖、多种维生素的营养特点，其中赖氨酸可促进儿童智力发育。	促进智力发育、促进新陈代谢、降血脂、抗疲劳、预防过敏等。
杏鲍菇	杏鲍菇肉质丰厚，口感脆嫩似鲍鱼，富含膳食纤维、蛋白质、碳水化合物、矿物质、维生素、氨基酸等营养物质，可提高人体免疫功能。	祛脂降压、提高免疫力、消食润肠、抗癌降脂等。
口蘑	口蘑是国外极为推崇的健康食品，含有丰富的氨基酸、维生素、尼克酸、抗坏血酸等，对矿物质元素的聚集能力特强。	提高免疫力、保护肝脏、美容减肥、预防骨质疏松、防癌等。

品种	营养价值	功效
蟹味菇	蟹味菇具有独特的蟹香味，含有丰富的维生素和17种氨基酸，其中赖氨酸、精氨酸的含量很高，有助于青少年益智增高。	有助发育、抗衰老、防癌抗癌、降低胆固醇等。
白灵菇	白灵菇富含蛋白质、脂肪、粗纤维、无机盐、氨基酸及多种有益健康的矿物质，具有增强免疫力、调节人体生理平衡的作用。	增强免疫、调节生理平衡、消积消炎、杀虫镇咳、防治妇科疾病等。
猴头菇	猴头菇是一种高蛋白、低脂肪，富含矿物质、维生素、氨基酸的优良食品。对胃炎、胃癌、食道癌、胃溃疡等消化道疾病的疗效很好。	增强免疫力、调理疾病、舒筋活血、延年益寿、促进大脑发育等。
花菇	花菇是菌中之星，含有丰富的蛋白质和氨基酸、粗纤维和维生素、钙、磷、铁等。其蛋白质中有白蛋白、谷蛋白、醇溶蛋白、氨基酸等，滋味鲜美。	助消化、降血压、补脾胃、防癌、延年益寿等。
滑子菇	滑子菇含有粗蛋白、脂肪、碳水化合物、粗纤维、钙、磷、铁、维生素、氨基酸等，菇伞表面的粘性物质是一种核酸，对人体十分有益。	抑制肿瘤、补充精力等。
海鲜菇	海鲜菇味道鲜美，质地脆嫩，含有丰富的蛋白质、碳水化合物、脂肪、纤维素、氨基酸等，是一种低热量、低脂肪的保健食品。	抗癌防癌、提高免疫、预防衰老、延长寿命等。
鸡腿菇	鸡腿菇因其形如鸡腿，肉质肉味似鸡丝而得名，富含粗蛋白、脂肪、纤维、灰分、氨基酸等，具有高蛋白、低脂肪的优良特性。	益脾胃、提高免疫力、安神除烦、降糖消渴、治痔等。
虫草花	虫草花又叫蛹虫草，含有丰富的蛋白质、氨基酸、虫草花素、甘露醇、SOD、多糖类等成分，可增强和调节人体免疫功能，提高人体抗病能力。	益肝肾、补精髓、止血化痰、调节血脂等。

菇类挑选小窍门

好的菇类菇褶紧密均匀且肉质厚，大小基本相同，盖面突起，
有硬实的手感，闻时有浓郁的清香味；
而差点的菇类，纹丝比较稀，肉质薄并且手感软，口味差，
闻起来香气不纯并有杂草味。
一般可通过以下4点挑选菇类：

闻气味

闻一下看有没有发酸发臭，如果发臭或味道不纯并有杂草味，则可
能是差的，好的菇类有浓郁的清香味。

捏一捏

用手挤压，观看含水量，如果含水量多就会使菇类极不易保存，易变质变味。

看熟度

尽量购买新鲜的菇类，不要买太过成熟的，一般七至八成熟最
好，否则菇类的品质极易降低。

看外观

除滑子菇和金针菇外，最好购买表面没有腐烂，形状比较完整，没有水渍和
不发黏的菇类。

• 书中计量单位换算

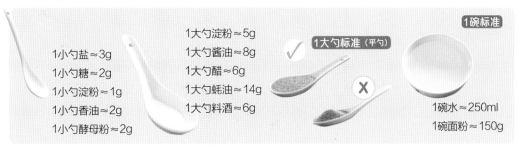

1小勺盐≈3g
1小勺糖≈2g
1小勺淀粉≈1g
1小勺香油≈2g
1小勺酵母粉≈2g

1大勺淀粉≈5g
1大勺酱油≈8g
1大勺醋≈6g
1大勺蚝油≈14g
1大勺料酒≈6g

1大勺标准（平勺）

1碗标准

1碗水≈250ml
1碗面粉≈150g

拌炒菇料理

脆嫩鲜滑的拌菇，

细腻香韧的炒菇，

入嘴清甜可口，久久留香，

为你开启清爽美味的一天！

鱼香杏鲍菇

将小米椒、青椒、蒜末、盐和香醋等调成汁料，可以增加虫草花的鲜香美味。

凉拌虫草花

彩椒金针拌香干

材料： 香干3块、香葱2根、蒜4瓣、金针菇1把、青椒半个、红椒半个、黄椒半个

调料： 盐0.5小勺、生抽2小勺、香油1小勺

⏱ **20 分钟**　🍳 **初级**　🍚 **2人**

金针菇中的氨基酸含量比一般菇类还要丰富，特别是赖氨酸的含量很高，而赖氨酸具有开发儿童智力、促进脑部发育的功能。

金针菇中还含有丰富的蛋白质、碳水化合物及粗纤维，常食可预防溃疡。

制作方法

① 香干洗净，切条，备用。

② 香葱去皮、洗净，切粒；蒜用刀拍扁后去皮，切末，备用。

③ 金针菇洗净，切去尾部老梗；青椒、红椒、黄椒均洗净，切丝。

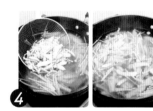

④ 锅中倒入清水，大火烧开后，放入金针菇和香干焯熟，滗干水分捞出。

⑤ 将金针菇、香干、青红黄椒丝、香葱粒、蒜末倒入玻璃碗混合拌匀。

⑥ 然后加入盐、生抽、香油拌匀腌10分钟即可。

金针拌香干怎么做才能入味又好看？

金针菇和香干都要充分焯熟，且一定要滗干水分，否则会影响口感。加入青红黄椒不仅能增加营养，也让这道菜的颜色更好看。所有材料拌匀后，腌制10分钟以上，可确保入味。

醋拌蘑菇

材料： 蟹味菇半碗、滑子菇半碗、白玉菇半碗、红椒半个、黄椒半个、生菜2片
调料： 醋4大勺、油1大勺、黑胡椒粉0.5小勺、蒜末0.5大勺、盐0.5小勺

制作方法

1 蟹味菇、滑子菇、白玉菇均洗净，放入滚水中焯烫至熟。

2 红椒、黄椒均洗净、去蒂、去籽，切成0.3cm粗的条。

3 再将红椒条、黄椒条放入冰水中浸泡，保持口感爽脆，备用。

4 生菜洗净，切成与红黄椒条一样长短的细丝，备用。

5 将所有调料混合，搅拌均匀，做成调味酱汁。

6 把红黄椒、生菜丝和所有蘑菇放入盘中混合，淋入调好的酱汁即可。

醋拌蘑菇怎么做更爽口？

蘑菇的种类虽然很多，但制作前，最好都用热水烫一下，因为蘑菇受生长的环境影响，都有些许土腥气，用沸水焯烫后才可以将其去除。焯烫过凉的蘑菇一定要把水分挤压滤干再调味，以免水分浸出来影响味道。

蘑菇中的有效成分可增强细胞功能，提高身体免疫力。
蘑菇中含有的粗纤维、半粗纤维和木质素，
可保持肠内水分平衡，还可吸收多余胆固醇，
并将其排出体外，对预防便秘和糖尿病都十分有益。

🕐 15分钟　🍲 初级　🍚 2人

麻辣手撕香菇根

材料：干红辣椒3个、香葱1根、香菇15朵

调料：生抽1大勺、盐1小勺、孜然粉1小勺、辣椒粉1小勺、油1大勺、
白芝麻1小勺、香油1小勺

🕐 15分钟　🍳 初级　🍚 2人

> 香菇中含有嘌呤、胆碱等物质，能起到降脂降压、降胆固醇的作用，对于动脉硬化等症状有预防效果；常吃香菇还能增强免疫力。香菇中还含有丰富的膳食纤维，可以促进肠胃蠕动，帮助身体清除垃圾，预防排便不畅等症状。

制作方法

1 干红辣椒洗净，切碎；香葱洗净，切成葱花，备用。

2 香菇洗净，去掉香菇最下方的硬蒂，然后切掉香菇根，洗净，滗干水分。

3 用刀拍松所有香菇根，然后顺纹路用手撕成细条状。

4 将撕好的香菇根和干红辣椒碎放在玻璃碗中，倒入生抽，撒上盐、孜然粉和辣椒粉，慢慢搅拌均匀。

5 再倒入油和白芝麻，继续搅拌均匀。

6 将调好的香菇根均匀铺在盘上，放入微波炉中高火加热约3分钟，出炉撒上葱花，淋上香油，即可食用。

麻辣手撕香菇根怎么做才麻辣鲜香？

做麻辣手撕香菇根，调味料是关键，在撕好的香菇根和干红辣椒上撒上孜然粉和辣椒粉，双重麻辣，辣味十足；再倒入白芝麻，除辣味外，又提升了这道菜的芝麻香味，可谓麻辣鲜香俱全。

凉拌秀珍菇

材料: 秀珍菇1碗、芹菜2棵、小红辣椒3个
调料: 盐1小勺、辣酱1大勺、蒸鱼豉油1小勺

制作方法

芹菜的嫩叶芳香美味,可以保留

1 秀珍菇去掉根部,洗净,切成细条状。

2 芹菜择洗干净,切成约2cm长的小段;小红辣椒洗净,切圈,备用。

3 锅中倒入清水,加半小勺盐,煮沸后,放入秀珍菇,焯烫成熟后捞出,滗干水分,备用。

4 将芹菜段倒入步骤3中的沸水中,焯烫成熟,捞出、控水,备用。

5 将焯烫好的芹菜段和秀珍菇均匀摆放在碗中。

6 加入半小勺盐、1大勺辣酱和1小勺蒸鱼豉油,撒入小红辣椒圈,拌匀即可享用。

凉拌秀珍菇怎么做才清香爽口?

凉拌秀珍菇时,要先将秀珍菇和芹菜焯烫成熟,这样不仅能够去除秀珍菇和芹菜的异味,还可使其软嫩可口。辣酱和蒸鱼豉油则为这道菜增添了鲜香和酸辣味道,不过蒸鱼豉油不宜放太多,以免影响颜色。

秀珍菇不仅营养丰富，而且味道鲜美，
它含有丰富的苏氨酸、赖氨酸、亮氨酸等多种氨基酸和维生素，
可安神除烦，调节新陈代谢，起到镇静安神的作用，
同时所含的氨基酸还能储存和提供热能，
是一种高蛋白、低脂肪的营养食品。

20分钟　　初级　　2人

凉拌虫草花

材料： 虫草花1把、小米椒2个、青椒1个、香葱1根、蒜3瓣
调料： 盐1小勺、香醋1大勺、香油1小勺

⏱ 15分钟　🍲 初级　🥢 2人

虫草花具有补肾、护肝的功效，主治由肺肾两虚引起的咳嗽，对肺气肿、气管炎有较好疗效；还具有壮阳补肾，增强体力、精力，提高大脑记忆力的功效，并能明显降低血糖、血压，抗菌抗癌，增强免疫。

制作方法

1 虫草花摘去根部，在清水中浸泡10分钟后洗净，备用。

2 小米椒与青椒均洗净，切圈，备用。

3 香葱洗净，切成葱花；蒜去皮、洗净，切末，备用。

4 将小米椒圈、青椒圈和蒜末放入碗里，加盐、香醋和香油调合成调料汁。

5 清洗干净的虫草花入沸水焯烫1分钟，捞出、过凉，滗干水分，摆入盘中。

6 在虫草花上均匀淋入调料汁，撒上香葱花，即可食用。

凉拌虫草花怎么做才鲜香美味？

凉拌虫草花时，虫草花去根、焯水，可以去除腥味；将小米椒、青椒、蒜末、盐和香醋等调成汁料，浇在虫草花上，可以增加虫草花的鲜香味。

双菇荟萃

材料：白玉菇1盒（约150g）、蟹味菇1盒（约150g）、豆角5根、胡萝卜半根、
　　　姜1块、葱1根、小红辣椒1个

调料：生抽、盐、白糖、香油各2小勺

🕐 45 分钟　　🍳 初级　　🍚 2 人

> 白玉菇具有提高机体免疫力的作用，同时还可镇痛镇静。
> 除此之外，白玉菇还具有明显的镇咳、稀化痰液的功效。
> 蟹味菇含有丰富的维生素和 17 种氨基酸，
> 有助于青少年益智增高、抗癌、降低胆固醇。

制作方法

1 白玉菇和蟹味菇去根、洗净；豆角洗净，切成约3cm长的段，备用。

2 胡萝卜洗净，切成约3cm长的条，备用。

3 姜去皮、洗净，切片；葱洗净，切成葱花；小红辣椒洗净，切圈，备用。

4 蟹味菇、白玉菇、豆角和胡萝卜入沸水焯烫，然后捞出过凉，浥干水分，备用。

5 在姜片、葱花中加入适量水、生抽、盐、白糖调成调味汁料，备用。

6 将调味汁料均匀浇在焯烫好的食材上，浸泡入味后去汁，淋上香油，撒上小红辣椒圈，即可食用。

双菇荟萃怎么做才色香味俱全？

凉拌双菇荟萃时，将白玉菇和蟹味菇焯烫成熟，可以去除异味。另外，将烫熟的双菇等在调制好的汁料中浸泡几分钟，更好入味；而双菇与豆角、胡萝卜搭配，颜色鲜亮，使人馋涎欲滴。

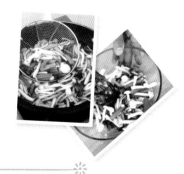

⏱ 10分钟　🍳 初级　🍽 2人

香菇扒油菜

材料： 干香菇10朵、小油菜5棵、葱1段、蒜2瓣

调料： 油2大勺、蚝油1大勺、老抽1小勺、白糖1小勺、水淀粉1大勺、白芝麻1小勺

青菜怎么炒才又绿又脆又好吃？

先将青菜放入加了油和盐的沸水中焯烫片刻，再下锅大火快炒，这样不但保留了青菜的颜色，使其翠绿鲜亮，还会使口感更加爽脆，绿叶菜、块茎类蔬菜都适用此法。

> 油菜活血、通便、降血脂，对脾胃虚弱者十分有帮助，
> 油菜同时具有清热、解毒的功效，
> 其中大量的维生素 C 和胡萝卜素，能增强人体免疫，
> 调节新陈代谢，搭配提升食欲的香菇食用，既美味，又健康。

制作方法

斜刀切片可使香菇看起来比较大

1 干香菇洗净、泡发，去除根部，切成片状，备用。

2 小油菜掰开、洗净、焯水，捞出沥干备用。

3 葱洗净，切片；蒜拍扁，切成细末，备用。

4 炒锅中加油，待油烧热后，下入葱片、蒜末爆香。

5 接着放入香菇片，翻炒片刻，炒至香菇变软。

6 再将焯好的油菜倒入锅中，大火翻炒1分钟。

7 然后加蚝油、老抽、白糖各1小勺调味。

8 接着，倒入水淀粉勾芡，拌炒均匀。

9 最后，撒入白芝麻，将香菇油菜盛入盘中，就大功告成了。

五彩杏鲍菇

材料：猪里脊1块、杏鲍菇2根、青辣椒1个、红辣椒1个、葱末1小勺、姜末1小勺
调料：油3大勺、蚝油1大勺、生抽1大勺、老抽0.5大勺、盐0.5小勺、白糖1小勺

⏱ 15分钟　🍲 中级　🍚 2人

杏鲍菇营养丰富，富含蛋白质、维生素及钙、镁、锌等微量元素，可以提高人体免疫功能，具有降血脂、促进肠胃消化、防止心血管病以及养颜护肤等作用，因此常吃杏鲍菇对身体极有益处。

制作方法

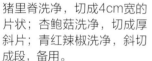

1 猪里脊洗净，切成4cm宽的片状；杏鲍菇洗净，切成厚斜片；青红辣椒洗净，斜切成段，备用。

2 锅中加2大勺油，中火烧至五成热，下入杏鲍菇，煎至变色、变软，捞出。

3 另起锅，放入1大勺油，下入葱姜末，大火爆出香味后，倒入肉片，炒至肉片变色。

4 将煎过的杏鲍菇倒入锅中，与肉片翻炒均匀。

5 依次加入蚝油、生抽、老抽、盐、白糖，继续炒匀。

青红辣椒口味鲜辣，出锅前放入已经足够提味

6 出锅前，倒入切好的青红辣椒，大火翻炒几下，清香爽口的杏鲍菇就炒好了。

杏鲍菇怎么做口感才会弹牙鲜香？

杏鲍菇本身含水量不高，遇高温最容易产生收缩，变得干瘪，进而造成营养流失，故切杏鲍菇时，可以切得厚一点儿，这样菇肉吃起来才会更有弹性和嚼劲，杏鲍菇的鲜香口感才能展露无遗。

⏱ 25分钟　🍲 中级　🍚 2人

香菇肉片

材料： 鲜香菇7朵、黄瓜1根、红椒半个、葱1段、姜1块、猪里脊肉1块

调料： 油4大勺、生抽1大勺、盐1小勺、水淀粉2大勺

腌料： 盐1小勺、白糖0.5小勺、淀粉2小勺、料酒1大勺、生抽1大勺

肉片如何炒肉质才嫩滑？

切好的肉片放入碗中，加入盐、料酒、淀粉，三者按1：2：2的比例混合，用手抓匀，腌渍15分钟。下锅前，再次用手抓匀，若还有出水的现象，倒掉多余水分后，再入锅滑炒，口感即可鲜香嫩滑。

香菇含有多种维生素、矿物质，
能促进新陈代谢，提高机体适应力，
其含有的维生素 B 群对于维持人体循环、
消化等正常生理功能有重要的作用。
香菇与滋阴润燥的猪肉搭配做菜，美味与健康同在。

制作方法

❶ 鲜香菇洗净、去蒂，用手轻轻搓洗香菇顶部和根部的脏污。

❷ 鲜香菇切成0.3cm薄片；黄瓜、红椒洗净，切成菱形片；葱、姜洗净，切片，备用。

❸ 猪里脊肉洗净，顺着纤维方向，切成0.3cm厚的薄片。

❹ 将腌料与里脊肉混合，用手抓匀，腌制15分钟入味。

❺ 炒锅内加3大勺油，放入肉片中火煸炒，肉片变色后，加1大勺生抽调味，盛出。

油面微微波动

❻ 炒锅内加1大勺油，烧至四成热，放入葱姜煸炒至出香。

❼ 锅中倒入香菇，翻炒几分钟，使香菇吸收葱姜香味。

❽ 香菇变软后，放入炒好的肉片、红椒片和黄瓜片，大火翻炒均匀，加盐调味。

❾ 最后，若香菇炒出水，倒入水淀粉勾芡，即可出锅。

🕐 20分钟　🍴 中级　🍚 3人

鱼香杏鲍菇

材料：青椒半个、红椒半个、葱白1段、姜1块、蒜2瓣、杏鲍菇2根、干木耳2朵、剁椒1小勺

调料：油3大勺、白糖0.5小勺、醋2大勺、生抽1小勺、盐0.5小勺、水淀粉1大勺、香油1小勺

鱼香杏鲍菇怎么做才鲜香味浓？

事先将杏鲍菇焯熟，可缩短烹炒的时间，保持杏鲍菇的口感；炒菜前，将剁椒再次剁细，可使炒出的菜辣味更浓；最后出锅前用水淀粉勾芡，可以使鱼香汁收浓，紧紧裹住杏鲍菇，使风味更佳。

> 杏鲍菇富含蛋白质、维生素及钙、锌等矿物质，
> 具有提高人体免疫力、降低血脂、促进肠胃消化等功能，
> 十分有益身体健康。

制作方法

1 青椒、红椒均洗净，切丝；葱白、姜均去皮，切丝；蒜拍扁、去皮，切末。

2 杏鲍菇洗净，切成0.5cm粗的条；干木耳洗净、泡发，切丝，备用。

3 杏鲍菇放入滚水中焯烫2分钟至熟。

4 炒锅烧热，放入油，爆香葱姜丝。

5 葱姜煸炒出香味后，加入蒜末和剁椒，继续煸炒。

6 然后加入杏鲍菇、青椒丝、红椒丝翻炒。

7 加入白糖、醋、生抽、盐，翻炒均匀。

8 然后加入水淀粉勾芡，使汤汁浓稠。

9 最后，加入木耳，炒熟，淋入香油，即可盛出。

⏱ 30分钟　🍲 中级　🍽 3人

干锅腊肉茶树菇

材料： 腊肉1块、鲜茶树菇1碗、葱1段、姜1块、蒜5瓣、香芹2根、青蒜1根、
红椒10个、白洋葱半个、花椒1小勺

调料： 油2大勺、辣妹子辣酱1小勺、生抽1大勺、老抽1大勺、白糖2小勺、盐0.5小勺、香油1小勺

腊肉怎么蒸才软嫩、咸香可口？

制作熟腊肉之前，要先把腊肉入锅蒸。腊肉在锅中蒸的时候，中途
不要开盖，蒸锅中的大量水蒸气会将腊肉蒸软，便于做菜。蒸完的
腊肉表面会附有一层油脂，吃起来更具肉香味。

茶树菇含有人体所需的多种氨基酸，还有丰富的维生素 B 群和多种矿物元素，其中铁、钾、锌、硒等元素都高于其它菌类，该菇还具有补肾、利尿、健脾等功效，是高血压患者和肥胖者的理想食品。

制作方法

> 蒸过的腊肉油脂含量降低，肉质吃起来更软嫩。

1 腊肉洗净，放入蒸锅中，大火蒸10分钟；将蒸软的腊肉切成薄片状，备用。

2 鲜茶树菇去根，放入清水中浸泡15分钟，捞出、洗净。

3 葱、姜、蒜洗净、去皮，切片；香芹、青蒜均洗净，切成4cm长的段；红椒洗净，对半切开；白洋葱洗净，切丝，备用。

> 腊肉受热后还会出油，所以炒腊肉时油量不必过多。

4 锅中倒入1大勺油烧热，放入茶树菇，炒至水分蒸发后，盛出备用。

5 锅中再倒入1大勺油，放入花椒小火煸香，捞出花椒；接着放葱姜蒜片、红椒和辣妹子辣酱，中火爆香。

6 放入腊肉片，翻炒至腊肉出油、肥肉部分呈透明状。

> 腊肉和蔬菜搭配，蔬菜中的维生素能减少腊肉中的亚硝酸盐。

7 接着放入茶树菇，大火炒至均匀。

8 加入生抽、老抽、白糖、盐调味，继续翻炒。

9 最后将青蒜段、香芹段、洋葱丝倒入锅中，淋入香油，翻炒均匀，就可以出锅啦。

蘑菇豌豆小炒

材料：蘑菇10朵、荷兰豆1把、胡萝卜1根、玉米1根
调料：油1大勺、盐1小勺、五香粉1小勺、水淀粉1大勺

🕐 30分钟　🍳 初级　🍚 2人

豌豆富含蛋白质、膳食纤维、维生素等，
有益中气、消痈肿、解乳石毒、防癌治癌之功效，
对脚气、乳汁不通、脾胃不适、呃逆呕吐、心腹胀痛等病症有一定的食疗作用。

制作方法

① 蘑菇去根、洗净，用清水浸泡2分钟，切成小丁，备用。

② 荷兰豆去皮，取出豆米，洗净，用沸水焯烫成熟，捞出、滗干，备用。

③ 胡萝卜去皮、洗净，切成小丁；剥开玉米，用刀刮下玉米粒，洗净，备用。

④ 锅中倒入1大勺油，先放入胡萝卜丁，大火翻炒3分钟，至其微软。

⑤ 接着加入蘑菇丁和玉米粒，继续大火翻炒2分钟，稍熟时倒入焯烫好的荷兰豆米。

⑥ 加盐、五香粉调味，淋入水淀粉勾薄芡，翻炒均匀后即可出锅。

蘑菇豌豆小·炒怎么做才色香味俱全？

蘑菇豌豆小炒中加入玉米粒和胡萝卜丁，色彩鲜艳亮丽；加五香粉调味，增加了这道菜的鲜香味；用水淀粉勾芡，则增加了鲜亮度，能够极大引起人们的食欲。另外，荷兰豆不易熟，所以翻炒前需先用沸水焯烫。

白玉菇滑鸡柳

材料：鸡脯肉1块、白玉菇1把、青椒1个、红椒1个、葱1段、姜1块

调料：盐2小勺、生抽2大勺、淀粉1小勺、油2大勺、高汤半碗、料酒1大勺、鲍鱼汁1大勺、白糖1小勺、胡椒粉1小勺

制作方法

1 鸡脯肉洗净，切成条状的鸡柳，加1小勺盐、生抽、淀粉腌制、上浆，备用。

2 白玉菇去根、洗净；青椒、红椒洗净，切成细丝，备用。

3 葱洗净，切成葱花；姜去皮、洗净，切末，备用。

4 锅中倒入2大勺油，烧至五成热时下入鸡柳，快速滑散，翻炒至五六成熟，盛出备用。

5 锅中留底油，放入葱花和姜末爆香，然后放入白玉菇，大火翻炒3分钟后放入炒好的鸡柳和青椒、红椒。

6 依次倒入高汤、料酒、鲍鱼汁、盐、生抽、白糖和胡椒粉，转中火慢煨3分钟，收汁后即可出锅。

白玉菇滑鸡柳怎么炒才鲜香嫩滑？

鸡柳在煸炒之前用盐、生抽、淀粉腌制、上浆，可以使其更加嫩滑；煸炒后倒入高汤、料酒、鲍鱼汁、胡椒粉等调味料，中火慢煨，可以使高汤等的浓香充分渗入所有食材中，使其鲜香诱人。

鸡柳中含有丰富的维生素 A，易被人体吸收利用，
它含有的磷脂类物质对人体的生长发育有促进作用；
白玉菇属于伞菌目，通体洁白，菇体脆嫩鲜滑，清甜可口，
有提高免疫力、镇痛、镇静、止咳化痰、通便排毒、降压等功效。

🕐 30分钟　🍴 初级　🍚 2人

🕐 20分钟　🍳 初级　🍽 2人

海鲜菇炒双肉

材料： 海鲜菇1把、青蒜2根、胡萝卜半根、鲜猪肉1块、腊肉1块

调料： 料酒1大勺、生抽1小勺、淀粉1小勺、油2大勺、盐1小勺、水淀粉1大勺

海鲜菇炒双肉怎么做才肉香四溢？

爆香腊肉，可以增加这道菜的咸鲜和肉香味；鲜猪肉用盐、料酒等腌制，可以增加嫩滑度，使口感细腻香滑。而海鲜菇、胡萝卜和青蒜正好可以消解腊肉和猪肉的油腻，吃起来既肉香四溢，又清香扑鼻。

> 海鲜菇富含蛋白质、碳水化合物、脂肪、纤维素及 18 种氨基酸，常食有抗癌防癌、提高免疫力、预防衰老、延长寿命等功效，是一种具有很高营养价值和药用价值的食用菌。

制作方法

① 海鲜菇去根、洗净，切成两段，用沸水焯烫成熟，捞出、滗干，备用。

② 青蒜去根、洗净，斜切成片；胡萝卜去皮、洗净，切成约0.5cm粗的丝，备用。

③ 鲜猪肉洗净，切成薄片，加料酒、生抽和淀粉腌制、上浆；腊肉斜切成片，备用。

④ 锅中倒入1大勺油，烧至五成热时，放入腊肉爆香。

⑤ 接着倒入焯烫好的海鲜菇，翻炒约1分钟。

⑥ 加入清水，盖上锅盖，中火炖煮片刻，盛出备用。

⑦ 净锅，倒入1大勺油，烧热后放入猪肉条，煸炒至颜色变白。

⑧ 倒入胡萝卜和青蒜，略微翻炒。

⑨ 倒入炒好的腊肉和海鲜菇，加1小勺盐调味，并用水淀粉勾芡，即可出锅。

栗子冬菇

材料：冬菇8朵、红椒半个、栗子10个、生菜叶2片
调料：油2大勺、盐1小勺、白糖1小勺、生抽1大勺、料酒1大勺、水淀粉1大勺、香油1小勺

🕐 30分钟　🍳 中级　👤 2人

冬菇富含维生素 B 群、铁、钾、维生素 D 原等，味道鲜美，
主治食欲减退，少气乏力，具有和胃健脾、补气益肾的功效。
另外，冬菇作为'山珍之王'，还能够延缓衰老、防癌抗癌、降血脂等。

制作方法

1

冬菇去蒂、洗净、捞出；
红椒洗净，切成1cm见方的
片，备用。

2

将栗子横切一刀，然后放入
沸水中，大火煮至壳裂即用
漏勺捞出，放凉，剥壳。

3

炒锅大火烧热，倒入油，依
次下栗子仁、冬菇和红椒，
转中小火煸炒1分钟，加盐和
白糖调味。

4

依次倒入生抽、料酒以及适
量清水，盖上锅盖，大火炖
煮约20分钟。

5

栗子熟透后，掀开锅盖，将
水淀粉顺时针缓慢淋入锅
中，勾一层薄芡，然后淋上1
小勺香油。

6

盘中摆好生菜叶，将炒好的栗
子冬菇盛入盘中，即可享用。

栗子冬菇怎么炒才滑嫩香弹？

炒栗子冬菇时，用水淀粉勾薄芡，可以使栗子和冬菇香滑可口，冬
菇也更加软弹细腻，口感绝佳。而淋上少许香油，更为这道菜增加
了独特风味。另外，将栗子横切一刀，大火煮至壳裂，更容易去壳。

蚝汁口蘑荷兰豆

材料： 荷兰豆1碗、口蘑1把、葱花1大勺、白芝麻1大勺

调料： 油2大勺、蚝油1小勺、生抽1大勺、盐1小勺

⏱ 20分钟　🍳 初级　🍽 2人

口蘑含有人体所必需的 8 种氨基酸及多种维生素、抗坏血酸等，
能抑制血清和肝脏中的胆固醇上升，能很好地保护肝脏。
它还能有效防止过氧化物损害机体，降低因缺硒引起的血压升高等症状，
调节甲状腺的工作，提高人体免疫。

制作方法

水中加几滴油可使荷兰豆颜色更碧绿

1 荷兰豆去筋、洗净；口蘑去蒂、洗净，对半切开，备用。

2 锅中倒入清水烧开，放入荷兰豆焯烫1分钟左右捞出、滗干。

3 另起锅，加入2大勺油，放入葱花爆香，放入口蘑翻炒。

4 炒至半熟时，加入蚝油和生抽。

5 接着，放入焯好的荷兰豆，再加盐调味。

6 待汤汁收干，撒上白芝麻即可出锅。

蚝汁口蘑荷兰豆怎么做才能鲜美入味？

在炒制这道菜时，需要注意荷兰豆也属于豆类，焯熟再进行炒制，
比较容易熟也不会影响食用的口感。另外此菜适合快火爆炒，这样
炒出来的味道会更香；最后加入蚝油汁调味，味道更鲜美。

平菇滑蛋

材料：平菇10朵、香葱1根、鸡蛋2个
调料：盐1.5小勺、白胡椒粉1小勺、油2大勺

⏱ 15分钟　🍚 初级　🍜 2人

> 平菇中的氨基酸种类十分丰富，
> 它含有 17 种氨基酸，其中有 8 种是人体所必需的。
> 平菇中的蛋白多糖体对癌细胞有很好的抑制作用，能增强机体免疫功能；
> 另外平菇性属温和，有追风散寒、舒筋活络的功效。

制作方法

1 平菇去根、洗净，撕成小朵；香葱洗净，切成葱花，备用。

2 鸡蛋打散成蛋液，搅拌均匀，备用。

3 锅中倒入清水烧开，将平菇放入锅中焯烫2分钟，捞出滗干。

4 将滗干的平菇放入打散的蛋液中，撒入盐和白胡椒粉，搅拌均匀。

5 起锅放油，烧至五成热时，转小火，将混合蛋液倒入锅中，撒入一半葱花。

6 轻轻滑散混合蛋液，翻炒至凝固，撒入剩余葱花，即可出锅。

平菇滑蛋怎么做才更好吃？

炒制平菇滑蛋时，烧热锅后，用小火热油，蛋液要轻轻滑至松散，待蛋液稍微凝固即可起锅，这样炒制出来的鸡蛋口感更鲜嫩。在蛋液中加入白胡椒粉，可起到去腥的作用。

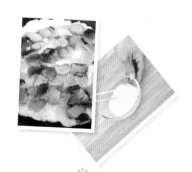

滑子菇炒鸡丁

材料： 滑子菇20朵、鸡胸肉1块、香葱2根、小红辣椒2个、冰糖2颗
调料： 油2大勺、生抽0.5大勺、蚝油1大勺、盐0.5小勺

制作方法

高温时烹入酱油，会激发出酱香味，也可去腥

① 滑子菇去根、洗净；鸡胸肉洗净，切丁；香葱洗净，切段；小红辣椒洗净，切圈。

② 锅中倒油，待油温五成热左右放入切好的鸡肉丁，翻炒至变色。

③ 锅内油温升高时，放入生抽调味。

④ 待鸡丁裹上颜色之后，放入滑子菇翻炒均匀。

⑤ 倒入半碗清水，放入2颗冰糖翻炒一下，加盖小火煮10分钟左右。

⑥ 待汤汁收干后，加入蚝油和盐，撒入香葱段和小红辣椒圈，转大火翻炒均匀，即可出锅。

滑子菇炒鸡丁怎么做吃起来更美味？

滑子菇炒鸡丁融合了菇的鲜美和鸡肉的香味，在炒制的时候要注意：鸡肉先入锅下油炒制，这样可以去除鸡肉本身的腥气；在高温时烹入酱油，可以使菜品充满酱香味，让整道菜的香气更加浓郁。

鸡肉富含蛋白质、多种微量元素和矿物质，
而且容易被人体吸收，有增强体力、强身健体的作用。
鸡肉的维生素 A 含量要比其他肉类高出很多，
有温中益气、健脾胃的功效。高烧患者和胃热的人则应该禁食。

⏱ 20 分钟　🍲 初级　🥢 3 人

蟹味菇木耳炒双椒

材料： 蟹味菇1盒、青椒半个、红椒半个、干黑木耳5朵、腐竹3根

调料： 油1大勺、盐1小勺、生抽1大勺

⏱ 30分钟　🍲 中级　🍚 2人

蟹味菇味比平菇鲜，肉比滑菇厚，质比香菇韧，口感极佳，
还具有独特的蟹香味，一般人群均可食用，
尤其适宜便秘者、体弱的人群、癌症患者、心血管疾病患者以及发育期儿童，
具有帮助发育、抗衰老、防癌抗癌、降低胆固醇的作用。

制作方法

❶ 蟹味菇剪掉根部，洗净，备用。

❷ 青椒、红椒分别洗净，切成细丝，备用。

❸ 干黑木耳和腐竹洗净、泡发，黑木耳撕成小片，腐竹切段，备用。

❹ 锅中倒入1大勺油，烧至七成熟时，倒入蟹味菇，大火爆炒30秒钟。

❺ 然后放入黑木耳和腐竹，翻炒2分钟。

❻ 最后放入青椒丝、红椒丝，加盐，倒入生抽，继续翻炒至均匀，即可盛盘食用。

蟹味菇木耳炒双椒怎么做才鲜香味美？

做蟹味菇木耳炒双椒时，先将干黑木耳和腐竹放入清水中泡发，这样翻炒时受热比较均匀，容易成熟；另外，放入腐竹与青红椒丝，可以使腐竹的豆香味以及青红椒的鲜辣味道得到充分发挥，使整道菜吃起来鲜香味美。

三色猴头菇

材料： 新鲜猴头菇4朵、青椒半个、胡萝卜半根、黑木耳1大朵
调料： 盐1小勺、花椒粉1小勺、淀粉1大勺、鸡汁1大勇、油1碗

🕐 30分钟　🍳 中级　🍽 2人

> 猴头菇是鲜美无比的山珍，菇肉鲜嫩，香醇可口，有'素中荤'之称，具有助消化、健胃、补虚、抗癌、降低胆固醇、增强免疫力、抗衰老、益肾精之功效；主治神经衰弱、食道癌、胃癌、眩晕、阳痿等病症。年老体弱者食用猴头菇，有滋补强身的作用。

制作方法

❶ 猴头菇用开水焯烫一下，捞出、过凉，再用手撕成小块，攥去水分。

❷ 在猴头菇中加半小勺盐、花椒粉、淀粉，倒入1大勺鸡汁，搅拌均匀，备用。

❸ 青椒洗净，切丝；胡萝卜去皮、洗净，切丝；黑木耳泡发、洗净，撕成小朵，备用。

❹ 炒锅烧热，倒入油，油热后倒入腌制的猴头菇，中火慢炸至呈金黄色，盛盘。

❺ 锅中留底油，依次放入胡萝卜丝、黑木耳和青椒丝，翻炒成熟。

❻ 放入炸好的猴头菇和半小勺盐，稍微翻炒均匀，即可出锅，盛盘食用。

三色猴头菇怎么做才色美味香？

首先用开水将猴头菇焯烫一下，清洗干净，可以去除猴头菇的异味，再加入盐、花椒粉、鸡汁等腌制，炸出的猴头菇味道更鲜美；而青椒、胡萝卜、黑木耳分别为绿色、红色、黑色，再加上炸好的金黄色的猴头菇，颜色搭配鲜艳好看。

花菇炒香芹

材料： 花菇3朵、胡萝卜1根、嫩芹菜4棵
调料： 香椿酱1大勺、白糖1小勺

制作方法

嫩叶可以保留，美味又营养

香椿酱本身就有油，不需再另放油

① 花菇泡发后，切丝；胡萝卜去皮、洗净，切丝，备用。

② 嫩芹菜洗净，切成约2cm长的小段。

③ 起锅，开小火，放入1大勺香椿酱，炒香。

④ 放入花菇丝和胡萝卜丝，适当煸炒后，倒入少许清水，加白糖，略煮2分钟。

⑤ 转大火，倒入芹菜，快速爆炒至断生。

⑥ 芹菜和花菇成熟后，即可出锅，盛盘食用。

花菇炒香芹怎么做才味美色鲜？

做花菇炒香芹时，香芹的嫩叶保留下来，一同翻炒，可以增加香味，也可以提鲜，而且营养丰富。另外，香椿酱油亮鲜香，用其煸炒花菇和胡萝卜，既可省油，又为这道菜增加了一种独特的风味。

花菇历来被中国人民当作延年益寿的补品，
它具有调节人体新陈代谢、帮助消化、降低血压、减少胆固醇、预防肝硬变、
消除胆结石、防治佝偻病等功效，有"植物皇后"之誉。

15分钟　初级　2人

香辣真姬菇

材料：胡萝卜半根、小红辣椒2个、香菜1把、姜1块、真姬菇1盒、淀粉半碗

调料：盐1小勺、油半碗、豆豉辣酱2小勺

15分钟　　中级　　2人

真姬菇又叫玉蕈，具有独特的蟹鲜味，
有防止便秘、抗癌、防癌、提高免疫力、预防衰老的独特功效，
是一种低热量、低脂肪的保健食品。

制作方法

1 胡萝卜去皮、洗净，切成细丝；小红辣椒洗净，切圈；香菜洗净，取香菜梗，切成约3cm长的段，备用。

2 姜去皮、洗净，切丝；真姬菇切去根部，一一掰开，洗净，加半小勺盐，抓拌均匀。

淀粉过厚，会影响口感

3 撒入淀粉，继续抓拌均匀，使每朵真姬菇上都沾裹一层薄薄的淀粉。

4 锅中倒油，烧至八成热时，放入真姬菇，中小火炸至两面金黄，捞出沥油。

5 锅中留底油，倒入姜丝和豆豉辣酱，大火爆香。

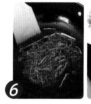

6 放入胡萝卜丝和小红辣椒圈，翻炒至成熟，然后放入真姬菇和香菜梗，加盐继续翻炒均匀，即可出锅。

香辣真姬菇怎么做才脆爽香辣？

做香辣真姬菇，首先要将真姬菇裹上一层薄薄的淀粉，这样炸制出的真姬菇口感更加脆爽；另外，炸制真姬菇后，放入姜丝和豆豉辣酱，大火爆香，然后再翻炒胡萝卜丝等，可以使整道菜香辣可口、脆爽诱人。

茶树菇炒土豆片

材料： 茶树菇1碗、五花肉1块（约50g）、土豆1个、青椒1个、葱1根、姜1块

调料： 油1大勺、料酒1小勺、高汤半碗、盐1小勺

制作方法

1 茶树菇去根，清洗干净，备用。

2 五花肉洗净，切成薄片；土豆去皮、洗净，切薄片，备用。

3 青椒洗净，切丝；葱、姜洗净、去皮，分别切段、切片，备用。

4 锅中倒入1大勺油，烧热后，放入葱、姜爆香，再放入五花肉片炒至变色，倒入少许料酒烹香。

5 依次放入土豆片、茶树菇，翻炒均匀，然后倒入半碗高汤，加盖焖煮至汤汁收干。

6 放入青椒，大火翻炒至断生，加1小勺盐调味，即可出锅。

茶树菇炒土豆片怎么做才味道鲜美？

制作茶树菇炒土豆片时，大火爆香葱、姜，烹入料酒，可以提鲜增香；最后，加入高汤焖煮至汤汁收干，不仅提升香味，也增加营养，使这道菜汁浓味香、鲜美异常。

茶树菇有利尿渗湿、健脾、止泻的功能，
是一种具有高蛋白质、低脂肪的真菌。茶树菇对肾虚尿频、水肿、气喘、
小儿低热有独特的疗效，还具有美容、降血压、防病抗病、
提高人体免疫力等优点，被人们称为"中华神菇"。

⏱ 30分钟　🍳 中级　🍲 2人

鸡腿菇炒鲜鱿

材料： 鸡腿菇半碗（约150g）、鲜鱿鱼1只、青椒半个、红椒半个、葱1段、姜1块、蒜2瓣
调料： 油2大勺、盐0.5小勺、白糖1小勺、胡椒粉1小勺、料酒2小勺、蚝油1小勺

⏱ 20分钟　🍳 初级　🍽 2人

鸡腿菇具有高蛋白、低脂肪的营养特性，能很好地增强人体免疫力。
另外，鸡腿菇中含有多种氨基酸和维生素，
可调节新陈代谢，起到镇静安神的作用。

制作方法

不要焯烫
过久，以免鲜
鱿变硬

1 鸡腿菇去根、洗净，切片；鲜鱿鱼去除内脏和表面的膜，洗净，切成菱形片；青红椒洗净，切块，备用。

2 葱洗净，切段；姜去皮、洗净，切末；蒜去皮、洗净，切片，备用。

3 锅中倒入适量清水，烧开后依次放入鸡腿菇、鲜鱿鱼焯烫，然后捞出，滗干水分。

4 锅中倒入2大勺油，烧至五六成热时，放入葱段、姜末和蒜片，大火爆香。

5 接着依次放入鸡腿菇、鱿鱼卷、青椒丝和红椒丝，翻炒2分钟。

6 最后，加盐、白糖、胡椒粉、料酒、蚝油调味，翻炒炒匀，即可出锅。

鸡腿菇炒鲜鱿怎么做才鲜香味醇？

做鸡腿菇炒鲜鱿时，首先将鲜鱿打交叉花刀，切成菱形片，可使其快速入味，然后将其放入沸水中焯烫一下，可以去除腥味，也易成熟；而加入蚝油、料酒、白糖等，则可以提鲜提香。另外，鲜鱿本身就有咸味，所以放少许盐调味即可。

蟹味菇炒虾仁

材料： 香葱3根、姜1块、基围虾半小碗、青蒜1根、蟹味菇1盒

调料： 淀粉1小勺、盐1.5小勺、料酒1小勺、胡椒粉2小勺、油1大勺

🕐 30分钟　🍲 中级　🍽 2人

制作方法

1 香葱洗净，切段；姜去皮、洗净，切丝，备用。

2 基围虾去壳，用牙签挑去虾线，洗净装盘备用。

3 在虾仁中加入淀粉、盐、料酒和胡椒粉各1小勺，拌匀腌制，备用。

4 青蒜去掉根部，洗净，切成小段，备用。

5 蟹味菇去根，下入沸水中焯烫一下，捞出后沥干水分，装盘备用。

6 起锅，倒入油，烧至五成热时，下入葱段和姜丝煸炒。

7 煸炒出香味后，下入腌制的虾仁，翻炒均匀。

8 虾仁翻炒变色后，放入蟹味菇和青蒜，继续翻炒均匀。

9 加入半小勺盐和1小勺胡椒粉调味，翻炒均匀后出锅装盘，即可食用。

蟹味菇炒虾仁怎么做才色美味鲜？

处理食材时，将基围虾背上的虾线去掉，并将清洗后的虾仁加入淀粉、料酒、胡椒粉等进行调味，可以去除腥味，提鲜提香；另外将蟹味菇在开水中焯一下，可使其更易成熟、入味。

培根金针菇卷

材料： 培根10片、金针菇2把、青椒1个、红椒1个、黄椒1个
调料： 油1大勺、番茄沙司2大勺

制作方法

如果有小葱，也可以用小葱将培根卷起，一样好吃

1 将培根从中间切开；金针菇切去老根、洗净；青、红、黄椒洗净，切成细条状，备用。

2 锅中加水煮沸，将金针菇放入沸水中，焯烫5秒钟后，捞出，放入冷水中过凉、控干水分。

3 将金针菇、青椒丝、红椒丝、黄椒丝，用培根卷紧，并用牙签固定。

培根本身含有油脂，在煎制的过程中可以少放油

果酱可以遮掉培根的油腻味道

4 煎锅内抹上1大勺油，放入卷好的培根金针菇卷。

5 用小火煎制，一面煎熟后，将其翻面再煎，直到培根变色、蔬菜变软。

6 将培根金针菇卷盛入盘中，淋上番茄沙司，美味的培根金针菇卷就可以上桌了。

培根金针菇卷如何做才醇香不腻？

培根是用五花肉制成的，本身油脂含量就多，容易产生油腻感，煎制时，只需放少许油，以"借油逼油"的方式，将培根煎至微黄就可去腻。调味时，淋入番茄沙司，同样有去油腻、增食欲的作用。

金针菇中含锌量较高，有健脑、促进智力发育的作用，
还能有效地增强人体的生理活性、促进新陈代谢，
有利于我们吸收和利用各种营养素，对生长发育大有裨益，
与培根同吃，既美味又营养。

🕐 15分钟　🍚 初级　🍚 2人

(30分钟) 初级 1人

双菇萝卜丁炒饭

材料： 葱1段、香葱2根、胡萝卜1/3根、鲜香菇2朵、杏鲍菇半根、青豆2大勺、米饭1碗

调料： 油3大勺、生抽1小勺、盐1小勺、白糖0.5小勺、香油1小勺

菇类如何做才更有弹性，味道更香？

杏鲍菇口感弹韧，若是切太薄、太小，就会失去其弹牙的口感，杏鲍菇的风味也尽失。但较大的杏鲍菇丁不易成熟，所以在炒饭前，将杏鲍菇放入滚水焯烫，使其呈半熟状态，再入锅炒饭更好。

胡萝卜含有大量的胡萝卜素，
具有补肝明目的功效，能治疗夜盲症；
同时，还含有大量的维生素A，有益于补充人体营养，增强免疫力。

1 葱去皮、洗净，切成葱末；香葱洗净、去皮，切成葱花，备用。

2 胡萝卜洗净、去皮，切成1cm见方的小丁。

3 鲜香菇洗净、去蒂，切成1cm见方的丁；杏鲍菇切除根部、洗净，切成1cm见方的丁。

4 青豆放入滚水中焯烫1分钟，捞出；再放入香菇丁和杏鲍菇丁，焯烫30秒后，捞出，备用。

5 炒锅中加入3大勺油，中火加热至七成热，加入葱末爆香。

6 接着放入胡萝卜丁，大火炒至胡萝卜丁发软。

7 再加入焯烫好的香菇丁和杏鲍菇丁继续翻炒，然后加入青豆炒匀。

8 倒入米饭，用锅铲压匀、炒散，使蔬菜和米饭混匀。

9 最后，淋入生抽，加入盐、白糖、香油、葱花，炒匀即可。

味蕾的记忆
炖烧焖菇料理

浓香厚滑的炖菇，

入味耐嚼的烧菇，

软烂留香的焖菇，

无论烹饪方式如何变化，

都打开了你的味蕾，留下芬芳的记忆！

杏鲍菇烧
牛肉

平菇炖豆腐

材料：平菇1把、毛豆腐1盒（约500g）、白菜1/4棵、洋葱半个、香葱2根
调料：油1大勺、花椒5颗、盐1小勺、清水1碗、老抽1小勺、香油1小勺

制作方法

1 平菇去根、洗净，沥干水分，用手撕成条状；豆腐切成2cm见方的小块，备用。

2 白菜掰开、洗净，撕成片状；洋葱去皮、洗净，切成3cm长的条；香葱洗净，切碎备用。

3 炒锅烧热，倒入1大勺油，然后放入花椒、一半洋葱和一半香葱，爆香。

4 沿着锅边轻轻放入豆腐块，使其均匀布满锅底，小火煎至两面呈金黄色。

5 加盐，使其入味，然后倒入适量清水和老抽，用锅铲轻轻推动豆腐块，以便均匀上色。

6 放入平菇和白菜，中火炖3分钟，然后放入剩余的香葱和洋葱，搅拌均匀，2分钟后淋入香油，即可出锅。

平菇炖豆腐怎么做才鲜香软弹？

平菇洗净后，用手撕成长条，会更易入味，口感更加软弹嫩滑；爆香花椒、洋葱和香葱，再放入豆腐煎制，会使豆腐沾裹上花椒的辛香和香葱等的清香，别有一种风味。

平菇富含种类齐全的氨基酸和丰富的矿物质，

具有追风散寒、舒筋活络的功效，

用于治腰腿疼痛、手足麻木、筋络不通等病症。

常食平菇能减少人体血清胆固醇、降低血压和防治肝炎、胃溃疡。

🕐 15分钟　🍚 中级　🍜 2人

（時）1 小时 20 分钟　中级　2 人

花菇炖鸡汤

材料： 青笋1段、葱半根、姜1块、花菇5朵、鸡腿2只、花椒1小勺、八角2颗、小茴香1小勺

调料： 猪油1小勺、料酒2大勺、盐2小勺

花菇炖鸡汤怎么才能清香味美？

该炖品的肉嫩、味美、营养，制作过程简单，仅用清汤炖制而成，保留了鸡肉和花菇的原汁原味，也可多增加青笋等新鲜食材用来提鲜。另外，在炖汤前对鸡肉的处理要求高，必须焯水去腥。

> 花菇是食用菌中的名品，具有助消化、补五脏、安神和抗癌之功效；
> 鸡肉中的蛋白质也易于消化吸收，两者同食，
> 既有益于强壮身体，又有益于治疗神经衰弱、消化不良等疾病。

制作方法

1 青笋去皮、洗净，切片；葱洗净，切葱段和葱丝；姜去皮，切片，备用。

2 花菇提前泡发，挤干水分，泡花菇的水留用。

3 鸡腿浸泡洗净，切成小块。

4 锅中加入冷水，放入鸡肉块焯水，大火烧沸，撇去浮沫，待鸡肉块变色后捞出。

5 锅内放入花菇、葱段、姜片、花椒、八角、小茴香。

6 加入温水和泡花菇的水，使其没过食材。

7 然后放入猪油、料酒，大火烧开后，转小火炖50分钟。

8 鸡汤炖好后，放入青笋片、盐，转大火烧开。

9 再煮3分钟，撒入葱丝即可。

茶树菇老鸭汤

材料：老鸭半只、茶树菇1碗（约50g）、姜5片、开水4碗、枸杞10粒
调料：料酒2大勺、盐1小勺

⏱ 2小时　🍲 中级　🍚 2人

" 鸭子的营养价值很高，鸭肉中的脂肪含量适中，蛋白质丰富，并较均匀地分布于全身组织中，特别适合想减肥又想吃肉的人食用。把鸭肉同茶树菇一起煮汤食用，能增强体质，提高身体对癌症的抵抗力。"

制作方法

① 老鸭洗净，改刀切块，备用。

② 锅中倒入冷水，放入切好的鸭块，大火加热，将鸭肉焯至变色，捞出。

③ 茶树菇洗净，用温水浸泡15分钟后，滗干水，捞出。

④ 将鸭块、茶树菇、姜片、料酒一起放入砂锅中。

⑤ 往锅中放入开水，大火煮开后，盖上盖子，继续用小火再熬1个小时。

⑥ 关火前10分钟，将洗净的枸杞放入汤中，加盐调味即可。

茶树菇老鸭汤怎么做才能汤汁香浓？

老鸭有股腥气，在焯水的时候，可以加入适量料酒，去除腥气，这样烹制出的汤汁才会香浓无异味。而在加入茶树菇时，一定要将茶树菇中的水分尽量攥干挤出，别把泡发茶树菇的水都带入汤中，以免影响汤的味道。

小·鸡炖蘑菇面

材料：干香菇4朵、茶树菇1小把、葱1段、姜1块、香葱1根、三黄鸡1/4只、
花椒1小勺、八角2颗、手擀面1把（约150g）

调料：油2大勺、生抽3大勺、料酒1大勺、陈醋1大勺、白糖1大勺、盐2 小勺、清水2碗

🕐1小时　🍚中级　🍜2人

蘑菇鲜嫩芳香，营养价值很高，

富含钙、磷、铁、蛋白质、胡萝卜素、维生素 C 等营养成分，

经常食用可预防视力减退、夜盲症、皮肤干燥，

并增强对呼吸道、消化道传染病的抵抗力。

制作方法

1 干香菇洗净、泡发，香菇水留用；茶树菇洗净、去蒂，切段；葱洗净，切段；姜洗净，切片；香葱洗净，切末，备用。

冷水下锅才能去腥味、血水

2 三黄鸡洗净，切块，放入冷水煮沸，焯烫至变色，去除血腥，捞出、滗干，备用。

下锅前再次滗干以免溅油

3 炒锅烧热，加2大勺油，下入葱、姜、花椒、八角，大火爆香，接着放入鸡块煸炒，炒至释出香味。

4 将鸡块、香菇、茶树菇、泡菇水和其余调料放入高压锅。

5 密封高压锅盖，焖煮20分钟后，排气、开盖，盛出。

6 将面条煮熟，倒入鸡肉蘑菇汤，撒上香葱末，即可食用。

小·鸡炖蘑菇面怎么做才汤鲜肉嫩？

小鸡炖蘑菇面汤鲜肉嫩的秘诀有二：蘑菇要用冷水泡软，菇味才不会损失；留存泡蘑菇水炖鸡时使用，可使鸡肉与蘑菇味融合，味道更加香浓。

① 1小时　中级　4人

香菇炖鸡汤

材料： 葱1段、姜1块、干香菇5朵、枸杞1大勺、干红枣5颗、三黄鸡1只、清水6碗

调料： 料酒1大勺、盐2小勺、白糖1小勺

香菇炖鸡汤怎么做才清香不腻？

炖鸡汤前，先将三黄鸡加料酒用滚水焯烫，可以去除鸡身上的腥味，使煮出的汤清香而无异味，用香菇煮汤，除了可以增添特殊的风味外，香菇还可以吸收一部分油脂，使熬出的鸡汤不至于太油腻。

香菇中含有嘌呤、胆碱等物质，能起到降脂降压、降胆固醇的作用，对于动脉硬化等症状有预防作用；

常吃香菇还能增强免疫力，香菇与鸡汤同煮，

待香菇中的有效营养物质融入汤中后，可以提高人体吸收率。

制作方法

❶ 葱去皮、洗净，切成葱段；姜去皮、洗净，切片，备用。

❷ 干香菇洗净，放冷水中泡发。

❸ 枸杞洗净，泡发。

❹ 干红枣去掉小蒂，浸泡10分钟。

❺ 三黄鸡洗净，放入沸水中，加入料酒，焯烫去腥，捞出、洗净。

❻ 将焯烫过的三黄鸡重新放入汤锅中，倒入6碗清水。

❼ 然后把葱、姜、香菇、红枣放入锅内，盖上锅盖，大火炖煮。

❽ 煮沸后，打开锅盖，转成小火，倒入枸杞，继续煮30分钟。

❾ 最后，加入盐和白糖调味，搅拌均匀，盛出即可。

双菇滚鸭汤

材料： 平菇2朵、杏鲍菇1根、鸭子半只、枸杞10粒
调料： 白胡椒粉2小勺、盐2小勺

🕐 1小时30分钟　🍲 中级　🍽 2人

鸭性寒凉，很适合燥热上火的人食用。蘑菇也有很强的补阴滋润效果，益肺气养肺阴，与鸭肉一同煲汤不燥不腻，不但可加强养肺效果，而且可消除鸭肉的油腻感，降低胆固醇。

制作方法

1 平菇和杏鲍菇用清水浸泡30分钟，洗净、滗干。

2 鸭子洗净，改刀切块，备用。

3 锅中倒入冷水，放入切好的鸭子，大火烧热，焯至变色，捞出。

4 将焯烫好的鸭肉再次放入煮锅，加入开水，大火煮开后，加盖小火炖1小时。

5 将平菇、杏鲍菇、枸杞都放入炖好的鸭汤中，盖上锅盖，转大火煮10分钟。

6 放入白胡椒粉和盐拌匀，撒入枸杞，即可关火。

双菇滚鸭汤怎么做才能浓醇香甜？

切好的鸭架如果不用水焯熟，也可以用油爆炒，炒至鸭子变色，再加入开水炖煮，以去除鸭子的腥味。炒熟的鸭子做汤容易油腻，加入蘑菇炖煮，可以中和鸭汤的油腻感，使汤汁更为浓醇香甜。

白灵菇清炖排骨

材料： 白灵菇2朵、鲜香菇3朵、荷兰豆10个、葱1根、姜1块、猪排骨3根、枸杞1小勺

调料： 盐2小勺

制作方法

① 白灵菇去根、洗净，用温水浸泡，去除苦味，切片，备用。

② 鲜香菇去根、洗净，切片；荷兰豆去筋、洗净，备用。

③ 葱洗净，切成约3cm长的段；姜去皮、洗净，切片；猪排骨洗净，剁成约4cm长的块。

④ 锅中倒入清水，放入排骨焯烫，撇去浮沫，捞出，滗干水分，备用。

⑤ 另起锅，加清水，倒入排骨、葱段、姜片，大火炖制50分钟后，再放入白灵菇和鲜香菇，转中火炖约15分钟。

⑥ 掀开锅盖，放荷兰豆，加盐调味，继续炖约5分钟，撒入1小勺枸杞，即可出锅。

白灵菇清炖排骨怎么做才咸鲜可口？

做白灵菇清炖排骨时，白灵菇用温水浸泡，可以去除苦味；猪排骨入沸水焯烫，可以去除腥味；加入荷兰豆，可以增加汤汁的清香，也可以解腻。另外，炖制时加入食盐调味即可，否则会破坏口感。

白灵菇的药用价值很高，

它含有真菌多糖、维生素及多种矿物质，

具有调节人体生理平衡，增强人体免疫功能的作用，

尤适宜患胃病、伤寒、高血压、动脉硬化、儿童偻病、

软骨病、中老年骨质疏松病等症人群。

🕐 1 小时 25 分钟   🍳 中级   🍚 2 人

口蘑肉片烧白菜

材料：口蘑10朵、白菜半棵、猪肉1块（约50g）
调料：生抽1大勺、料酒1大勺、油2大勺、高汤半碗、盐1小勺

① 口蘑去根部，洗净，切片，用沸水焯烫成熟，捞出过凉，备用。

② 取白菜心，洗净，切成约3cm长的段，备用。

③ 猪肉洗净，切成2cm见方的片，然后放入碗中，加1小勺生抽和料酒腌制片刻。

④ 炒锅倒入1大勺油，烧至五成热时，下腌制好的猪肉片，中火煸炒成熟，盛出。

⑤ 净锅，再倒入1大勺油，烧至五成热时，放入口蘑和白菜心，煸炒均匀。

⑥ 倒入高汤、生抽，加盐，再放入炒熟的猪肉片，翻炒均匀，即可出锅。

口蘑肉片烧白菜怎么做才鲜香脆嫩？

猪肉加少许生抽和料酒腌制片刻，可以增加猪肉的鲜香和软嫩；煸炒均匀后倒入高汤等，更可以增加整道菜的肉香味。另外，口蘑先用沸水焯烫成熟，捞出过凉，可以避免其在翻炒过程中收缩变小，影响口感。

口蘑是营养师极为推崇的健康食品，
含有人体所必需的 8 种氨基酸以及多种维生素。
口蘑具有提高免疫、保护肝脏、美容减肥、预防骨质疏松、防癌等功效。

30分钟　中级　2人

⏱ 50分钟　🍳 高级　🍚 3人

土豆香菇烧肉

材料： 五花肉1块、香菇10朵、土豆2个、葱1段、红辣椒2个、姜1块、香葱1根、八角2颗、花椒0.5小勺、桂皮1块

调料： 油1大勺、生抽1小勺、白糖1小勺、盐1小勺、胡椒粉1小勺、料酒1小勺

土豆香菇烧肉怎么做才细腻鲜嫩？

首先，五花肉焯水，可以去除腥味。另外，煸炒五花肉时，两面微微发黄，出油脂，可使香菇和土豆充满肉香味。而加入八角、花椒、桂皮、白糖、料酒等既可提鲜增味，又可以增添糖色，令人馋涎欲滴。

> 土豆具有愈合伤口、利尿、解痉等功效，对冠心病、
> 眼睛疼痛的病人有不错的疗效。土豆中钾元素含量非常丰富，
> 尤其适合身体肌肉无力、食欲不振的患者食用；
> 另外，土豆中的蛋白质和维生素 B 可增强体质，
> 经常食用还能增强和提高记忆力。

制作方法

1 五花肉洗净，切成约2cm宽、3cm长的块，入沸水焯烫，捞出控水，备用。

2 香菇去根、洗净，切片；土豆去皮、洗净，切块，备用。

3 葱洗净，斜切成小片；红辣椒洗净，去根，备用。

4 姜去皮、洗净，切片；香葱去皮、洗净，切末，备用。

5 锅中倒油，烧至五六成热时放入五花肉块，转小火煸炒至两面微微发黄。

6 加入姜片、葱片、红辣椒，与肉块一起煸炒均匀，出香后淋入生抽和1大碗清水。

7 接着放入八角、花椒、桂皮和白糖，大火烧开，再转小火慢烧20分钟。

8 肉块入味后，倒入准备好的土豆块和香菇片，盖上锅盖接着烧制15分钟。

9 加盐、胡椒粉和料酒调味，转大火收汁，撒上香葱末，即可出锅。

冬菇烧猪蹄

材料： 芸豆半碗、冬菇10朵、葱1段、姜1块、猪蹄13只
调料： 油1大勺、料酒1大勺、老抽1小勺、盐2小勺

⏱ 50 分钟　🍲 中级　🍚 3人

猪蹄含有丰富的胶原蛋白质，它能防治皮肤干瘪起皱，

增强皮肤弹性和韧性，具有抗衰老、促进生长、改善冠心病等疗效。

一般人群均可食用，尤其适宜血虚者、

年老体弱者、产后缺奶者、腰腿软弱无力者食用。

制作方法

① 芸豆去筋、泡发；冬菇洗净、去根，滗干水分；葱洗净，斜切成片；姜去皮、洗净，切片，备用。

② 猪蹄去毛、洗净，剁成3cm宽的块，入沸水焯烫，捞出，滗干水分，备用。

③ 锅内倒入1大勺油，放入葱片和姜片，大火爆香。

④ 然后加入焯好的猪蹄，大火煸炒1分钟，倒入料酒、老抽和清水，使其没过猪蹄。

⑤ 依次加入泡发的芸豆和冬菇，大火烧开后，转中火慢烧约30分钟。

⑥ 加盐调味，再烧制约10分钟，收汁，即可出锅，盛盘食用。

冬菇烧猪蹄怎么做才肉弹滑嫩?

做冬菇烧猪蹄时，猪蹄先去毛、洗净，然后用沸水焯烫，可以去除腥味，否则会影响口感；另外，烧猪蹄之前先爆香葱片和姜片，香味散发出来后再放入猪蹄、芸豆和冬菇等煸炒、炖烧，可使其充分入味，鲜香扑鼻。

蟹味菇烧冬瓜

材料： 蟹味菇1盒、冬瓜1块（约200g）、蒜5瓣、香葱2根、枸杞10颗
调料： 油1大勺、生抽1小勺、高汤半碗、盐1小勺、水淀粉1小勺

制作方法

1

蟹味菇洗净，去除根部；冬瓜去皮去瓤，切成约3cm厚的片，备用。

2

蒜去皮、洗净，切片；香葱洗净，切成葱花；枸杞放入温水中浸泡，捞出，滗干水分，备用。

3

蟹味菇入锅焯烫，捞出，滗干水分，备用。

4

锅中加1大勺油，烧至六成热时，下入蒜片爆香，然后放入冬瓜，倒入生抽，翻炒均匀后盖上锅盖。

5

焖烧约3分钟，掀开锅盖，放入蟹味菇，倒入高汤，翻炒均匀后，再焖烧片刻。

6

最后加盐调味，用水淀粉勾薄芡，撒入香葱花和枸杞，即可出锅。

蟹味菇烧冬瓜怎么做才鲜美可口？

蟹味菇去除根部，并焯水，可去除异味；炒冬瓜时，盖上锅盖焖烧一下，可使冬瓜变软、易入味；放入蟹味菇、高汤继续焖烧，可使各种食材和汤汁充分相融；用水淀粉勾薄芡，汤汁会更加浓香爽滑。

冬瓜中膳食纤维含量高，具有改善血糖水平、
降低体内胆固醇、降血脂、防止动脉硬化等作用。
冬瓜还可减肥降脂、护肾、清热化痰、防癌抗癌、润肤美容。

🕐 15分钟　🍲 初级　🥢 2人

鸡腿菇烧鸡腿

材料： 鸡腿2只、鸡腿菇1盒、香葱2根、粉丝1把、八角2颗、桂皮2块

调料： 油1大勺、白糖0.5大勺、生抽1小勺、盐1小勺、胡椒粉1小勺

🕐 20分钟　🍲 中级　🥢 2人

鸡腿菇营养丰富、味道鲜美，口感极好，

经常食用有助于增进食欲，增强人体免疫力，具有很高的营养价值。

鸡腿菇还是一种药用蕈菌，味甘性平，有益脾胃、清心安神、治痔等功效。

制作方法

1 鸡腿洗净，剁块，入锅焯烫去腥，备用。

2 鸡腿菇洗净，切片；香葱洗净，切成葱花；粉丝泡发，备用。

3 锅中放油，烧至五六成热时放入白糖炒出糖色，然后倒入鸡腿块，翻炒至其裹上糖色。

4 加入八角和桂皮，倒入1小勺生抽提味，继续翻炒约2分钟。

5 汤汁烧开后，加入适量清水继续烧制，撇去浮沫，然后倒入切成片的鸡腿菇，大火炖制约10分钟。

6 加入粉丝，盖上锅盖，继续烧制，直到粉丝成熟、汤汁收干，加入盐和胡椒粉调味，撒上香葱即可出锅。

鸡腿菇烧鸡腿怎么做才鲜香入味？

做鸡腿菇烧鸡腿时，将鸡腿焯烫可以去腥；炒化白糖，放入鸡腿，既可使其裹上糖色，又可以提鲜；另外，八角、桂皮和鸡腿菇也都可以提鲜增香。烧制粉丝时，需要注意加水，否则粉丝很难成熟。

⏱ 2小时　🍲 高级　🍚 4人

杏鲍菇烧牛肉

材料： 牛肉2块、杏鲍菇2根、胡萝卜1根、姜5片、干辣椒4个、八角3颗、桂皮1块、草果1个、山奈1粒、花椒1小勺、蒜末1大勺、葱白5小段

调料： 油6大勺、料酒2大勺、白糖2小勺、老抽1大勺、盐1小勺

杏鲍菇烧牛肉怎么做才更浓香？

杏鲍菇切成滚刀块就会有几个截面，能更好地吸收汤汁，吃起来味道尤其浓厚。牛肉盛出后要将锅洗净，让杏鲍菇和胡萝卜炒得更清香。最后大火收汁能让牛肉全方位包裹在浓浓的汤汁中，味香浓郁。

86

杏鲍菇富含蛋白质、维生素、碳水化合物及钙、铜、锌、镁等矿物质，在补充人体所需各类营养的同时，还具有美容护肤的功效。
与牛肉搭配，可以降血脂、润肠胃，帮助人体代谢物及时排出。

制作方法

杏鲍菇
切成滚刀块更能
吸收牛肉汁
的香味

1 牛肉洗净，切成小块后，放入清水中充分清洗，滗干血水后捞出，备用。

2 杏鲍菇洗净，切成滚刀块；胡萝卜去皮、洗净，切块，备用。

水以没过
牛肉为宜

3 锅内放入3大勺油，烧热后放姜片和干辣椒炒香，然后放入牛肉，大火翻炒均匀后淋入料酒，再翻炒2分钟。

4 加入八角、桂皮、草果、山奈、花椒等香料。

5 加入白糖和老抽翻炒均匀后，倒入足量清水，大火烧开后，改小火炖1个半小时。

6 待牛肉的汤汁快要收干时，关火将牛肉盛出。

洗锅
可防止串味和
粘锅

7 将锅洗净，倒入3大勺油，烧热后放入蒜末炒香，再放入杏鲍菇、胡萝卜和葱白段。

8 加盐翻炒约1分钟后，倒入烧好的牛肉和1碗开水，小火焖10分钟。

9 待汤汁渐干时，转大火翻炒收汁，即可盛盘。

冬菇板栗焖鸡翅

材料： 冬菇10朵、鸡翅5只、姜1块、蒜1瓣、香菜1根、板栗仁5个

调料： 油1大勺、盐1小勺、生抽2小勺、老抽1小勺、料酒3大勺、冰糖2颗、水淀粉2小勺

🕐 35分钟　　🍲 中级　　🍽 2人

鸡翅中含有大量可强健血管及皮肤的成分，

还含有大量维生素 A，对视力、生长、上皮组织及骨骼发育很有好处，

尤其适合老年人和儿童，以及痰湿偏重的人。

栗子益气补脾，强筋健骨，非常适合老年人食用。

制作方法

1 冬菇去根、洗净，滗干水分；鸡翅洗净，表面划两刀，方便入味；姜、蒜去皮、洗净，切片，备用。

2 香菜洗净，切成小段；锅中倒入1大勺油，烧至五六成热时放入姜片、蒜片，大火爆香。

3 依次放入冬菇和鸡翅，煎至两面金黄，稍微翻动，以免煳锅。

4 依次倒入盐、生抽、老抽、料酒，翻炒至鸡翅上色。

5 倒入清水，使其没过鸡翅，然后放入板栗仁，盖上锅盖，焖煮20分钟，至汤汁变少。

6 掀开锅盖，加入冰糖，融化后用水淀粉勾芡，继续焖煮收汁，撒上香菜段，即可出锅。

冬菇板栗焖鸡翅怎么做才香浓入味？

制作冬菇板栗焖鸡翅时，在鸡翅表面划上两刀，焖煮时可以很好地入味；煎制鸡翅和冬菇时，应不时翻动，以免煳锅，影响口感；另外，加入冰糖，用水淀粉勾芡，不仅可提味提鲜，还可使汤汁香浓爽滑。

🕐 30分钟　🍚 初级　🍜 2人

什锦蘑菇焖饭

材料： 大米1碗、干香菇7朵、葱1段、大蒜2瓣、香葱1根、胡萝卜半根 豆角3根、秀珍菇7朵、

调料： 油2大勺、盐1.5小勺、生抽1大勺、料酒2小勺、胡椒粉1小勺、香油1小勺

什锦蘑菇焖饭怎么做才更鲜香入味？

焖饭前，要先将蘑菇等各种食材炒至半熟。待添加生抽、胡椒粉等调味料后，要多炒几分钟，因为蘑菇是吸汁的食材，炒久一点儿可以使蘑菇充分入味，如此最后加水焖煮，焖出来的米饭才鲜香入味。

" 蘑菇味道鲜美，所含有的蛋白质和氨基酸均高于一般蔬菜。
蘑菇含有多种维生素，热量也相对较低，
能减少人体对碳水化合物的吸收，是日常生活中不可缺少的健康食品。 "

制作方法

1 大米淘洗干净，加水浸泡20分钟。

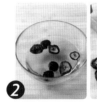

2 干香菇泡发、洗净，切丝。

3 葱、蒜去皮、洗净，切片；香葱去皮、洗净，切成葱花。

4 胡萝卜去皮、洗净，切丝；豆角去根、洗净，切丁；秀珍菇洗净，切丝。

5 炒锅内放入油，下葱片、蒜片，小火炒出香味。

6 放入胡萝卜、豆角、秀珍菇、香菇，转中火，翻炒2分钟。

7 将泡好的大米放入锅中，翻炒均匀。

8 往锅中倒入开水，水量以没过所有食材为准，依次加入盐、生抽、料酒、胡椒粉。

9 最后，盖上锅盖，小火焖至汤汁收干，撒上葱花，淋入香油，拌匀，即可食用。

滋味的留恋

蒸煮菇料理

鲜香可口的蒸菇，

浓郁香醇的煮菇，

这一段回味悠远的美食体验，

不禁给人以味觉上的留恋！

鲜贝菌菇粥

蘑菇味道鲜美,所含有的蛋白质和氨基酸均高于一般蔬菜,有"素中之荤"的美名。

鲍汁白灵菇

⏱ 2小时　🍲 高级　🍚 4人

双菇鲜肉包

材料： 鲜香菇6朵、金针菇1把（约150g）、葱1段、姜1块、开水5大勺、鸡蛋1个、猪肉馅1碗、包子皮10张

调料： 生抽1大勺、老抽1大勺、胡椒粉1小勺、盐1小勺、油2大勺、香油2大勺

双菇鲜肉包怎么做才鲜香汁美？

香菇和金针菇都应选择新鲜的食材，切碎后拌入馅中，增加鲜美口感。在制猪肉馅时要加入生抽、胡椒粉、蛋液等调出美味，并用筷子沿同一方向搅拌，以便更好上劲、有弹性。

猪肉是人们餐桌上重要的动物性食品之一，
猪肉中含有人体生长发育所需的优质蛋白、脂肪、维生素等，
而且肉质较嫩，易消化，有补肾养血、滋阴润燥之效，
对改善贫血症状十分有帮助。

制作方法

1 鲜香菇和金针菇均洗净、去蒂，切成0.3cm大小的丁，备用。

2 葱姜洗净、去皮，切成碎末，放入碗内，倒入5大勺开水，稍凉后用手抓匀、挤出汁水，备用。

3 鸡蛋敲入碗内，打散成蛋液。

4 猪肉馅放入碗内，加入生抽、老抽、胡椒粉、盐，倒入蛋液、葱姜水。

5 用筷子沿同一方向用力搅拌，打成充满弹性的肉团。

6 然后放入金针菇丁、香菇丁，使之与盆内食材混合均匀。

菇类吸油，所以油类要后放，以保证馅料整体口感

7 再倒入油、香油，继续搅匀，即成馅料。

8 舀适量馅料放在包子皮中间，转圈打褶、收口，包入馅料，收口捏紧。

9 蒸锅中放入半锅水，大火煮开，间隔放入生包子，蒸20分钟后，焖1分钟即可。

鲍汁白灵菇

材料： 白灵菇1碗（约200g）、香葱1根、蒜2瓣

调料： 高汤半碗、鲍汁1大勺、油1大勺、蚝油1大勺、白糖2小勺、水淀粉2大勺

🕐 30分钟　🍲 初级　🍽 2人

白灵菇肉质细嫩，含有丰富的蛋白质和氨基酸，
具有消积、杀虫、镇咳、消炎和防治妇科肿瘤等功效。
一般人皆可食用，尤适宜患胃病、伤寒、高血压、动脉硬化等症人群。

制作方法

1 白灵菇洗净、去蒂，入沸水中焯烫，以去除土腥味；香葱洗净、去根，切成葱花；蒜洗净，切片，备用。

2 将高汤和鲍汁依次倒入碗中，混合成调味汁料，倒在白灵菇上，使其沾裹均匀。

3 蒸锅倒入清水，大火烧开后，放入白灵菇，蒸制8分钟。

4 关火出锅，白灵菇微温时切斜刀片，蒸汁保留备用。

5 炒锅内倒油，烧热后放蒜片爆香，再倒入蒸汁、蚝油、白糖烧开，加水淀粉勾薄芡。

6 将汁料淋入蒸好的白灵菇，撒上香葱花即可食用。

鲍汁白灵菇怎么做才味道醇厚？

首先，将白灵菇洗净、焯烫，可去除土腥味；其次，将高汤和鲍汁混合成的汁料均匀沾裹白灵菇，并加以蒸制，可使其深度入味；最后，将蒸汁、蚝油、白糖烧开，勾薄芡，可进一步使白灵菇入味，增加汤汁的鲜浓。

蟹味菇蒸鸡腿

材料：蟹味菇1盒、干黑木耳半碗、香菜2根、鸡腿1只

调料：鸡汁1大勺、淀粉1小勺、生抽1小勺、老抽1小勺、白糖1小勺、清水半碗

制作方法

1 蟹味菇去根、洗净，放入清水中浸泡10分钟左右，捞出沥干水分，备用。

2 干黑木耳泡发、洗净，入沸水焯烫一下，捞出控水，备用。

3 香菜洗净，切成约1cm长的段；鸡腿洗净，剁成小块，放入空碗中，备用。

4 鸡腿块中加入鸡汁、淀粉、生抽、老抽、白糖和清水，搅拌均匀，腌制约1小时。

5 先将泡发的木耳放入盘中，然后依次放入蟹味菇和腌制好的鸡腿块。

6 锅内加水煮沸，放入装有所有食材的盘子，盖上锅盖，大火蒸制20分钟左右，关火取出，撒上香菜段即可食用。

蟹味菇蒸鸡腿怎么做才滑嫩鲜香？

首先要将鸡腿剁成小块，这样腌制的时候才易入味；另外，用鸡汁、淀粉、生抽、白糖等腌制鸡腿块，可使其肉质更加滑嫩，味道更加鲜香，再加上蟹味菇的蟹香味，绝对是一道让人流口水的美食。

蘑菇中含有多种维生素，

热量也相对较低，能减少人体对碳水化合物的吸收，

是日常生活中不可缺少的健康食品。

⏱ 1 小时 45 分钟

香菇酿肉

材料：葱1根、姜1块、猪肉1块（约50g）、香菇10个、芋头2个

调料：生抽1小勺、盐1小勺、白糖1小勺、蚝油1.5大勺（约20g）、干淀粉1大勺、水淀粉1大勺

⏱ 25分钟　🍚 初级　🍜 3人

猪肉含有丰富的优质蛋白质和脂肪酸，

并提供血红素和促进铁吸收的半胱氨酸，能改善缺铁性贫血。

它还具有补肾养血、滋阴润燥、补虚、润肤的功效，

煮汤饮下可急补由于津液不足引起的烦燥、干咳、便秘和难产。

制作方法

挖去一层以便填入馅料

❶ 葱洗净，切末；姜去皮、洗净，切末；猪肉洗净，切末，备用。

❷ 香菇洗净，去掉根部，头部菌伞内挖去一层，剩下的部分切末；芋头去皮、洗净，切成小丁，备用。

❸ 肉末中加入葱末、姜末、生抽、盐、白糖搅拌均匀，再倒入香菇末、芋头丁，加入蚝油，继续搅拌均匀。

❹ 碗状香菇片抹上干淀粉，将肉馅均匀抹在香菇片上。

❺ 蒸锅倒入清水，大火烧开后，放入抹上肉馅的香菇，转中火蒸约10分钟，出锅。

❻ 另起锅，倒入少许水，用水淀粉勾薄芡，出锅，均匀淋在菜品上，即可食用。

香菇酿肉怎么做才味香色美？

肉末尽可能切得碎一些，这样方便入味和食用；另外，香菇多出的部分和芋头一起放入肉馅中，既使肉馅味道更美，也不造成浪费；在肉末中加入葱姜，提味又去腥；放入蒸笼后，保持中火即可。

鲜虫草蒸排骨

材料： 姜1块、香葱1把、猪大排3块（约500g）、鲜虫草半碗（约150g）

调料： 盐1大勺、料酒2小勺、淀粉1大勺、白糖1小勺、白胡椒粉1小勺、香油1小勺

制作方法

① 姜去皮、洗净，切丝；香葱去掉根部，洗净，切碎，备用。

② 排骨用温水浸泡，去除血水，洗净，沥干水分，剁成4cm长的块，备用。

③ 在排骨中依次加盐、料酒、淀粉、白糖、白胡椒粉、姜丝，腌制30分钟。

④ 鲜虫草切去根蒂，洗净，沥干水分，备用。

⑤ 取一半鲜虫草均匀铺在盘底，然后放入腌好的排骨块，排骨块上再均匀铺上一层鲜虫草。

⑥ 蒸锅里倒入清水，大火烧开后放入盘子，蒸至熟透后出锅，淋上香油、撒上葱花，即可食用。

鲜虫草蒸排骨怎么做才鲜美滑嫩？

排骨泡去血水后，加入料酒、白胡椒粉等腌制，不仅可去腥，还可提味；鲜虫草上下两层包裹住排骨，蒸制后鲜味渗透进排骨中，可使排骨充分吸收其汁料，更加滑嫩。

虫草花含有丰富的蛋白质、氨基酸及虫草素、多糖类等成分，
有益肝肾、补精髓、止血化痰等功效，
主要用于眩晕耳鸣、健忘不寐、腰膝酸软、
阳痿早泄、久咳虚喘等症的辅助治疗。
它还有润肌养颜的功效，尤其可以快速消除女性的蝴蝶斑。

🕐 50分钟　🍚 中级　🍜 2人

剁椒蒸金针菇

材料：金针菇1把、小红辣椒5个、生姜1块、蒜6瓣、香葱2根

调料：盐0.5小勺、胡椒粉1小勺、辣椒油1大勺、醋0.5大勺

⏱ 15分钟　🍲 初级　🍽 3人

辣椒不仅有好的口感，所含的营养成分也十分丰富，
还能刺激唾液和胃液分泌，增进食欲，促进人体血液循环，散寒驱湿。
鲜金针菇富含 B 族维生素、维生素 C、碳水化合物等，
具有补肝、益肠胃、防治高血压、抗癌的功效，对老年人也有益。

制作方法

① 金针菇去根，洗净，滗干水分，整齐摆放在盘中；小红辣椒洗净、去根、剁碎，备用。

② 蒸锅倒入清水，大火烧开后，放入装有金针菇的盘子，蒸制约7分钟。

③ 生姜和蒜均去皮、洗净，切末；香葱去根、洗净，切末，备用。

④ 取空碗，依次放入小红辣椒碎、姜末、蒜末、盐、胡椒粉，倒入辣椒油和醋，调成调味汁料。

焖2分钟
可使金针菇
入味

⑤ 取出蒸好的金针菇，滗干，然后将调味汁料均匀倒在金针菇上，重新放入蒸锅焖2分钟。

⑥ 出锅，撒上香葱末，即可食用。

剁椒蒸金针菇怎么做才鲜香爽辣？

制作剁椒蒸金针，关键的是调味汁料。用剁椒、姜蒜末、盐、胡椒粉、辣椒油等调成的调味汁料，鲜香爽辣；倒入蒸好的金针菇上，再焖制几分钟，则可使金针菇充分入味，加上金针菇本身的鲜味，这道菜绝对香辣诱人。

双菇干贝蒸豆腐

材料： 干贝10个、蟹味菇1把、茶树菇1把、葱1根、嫩豆腐1盒

调料： 淀粉0.5小勺、生抽1小勺、白胡椒粉1小勺、油1小勺、香油1小勺

制作方法

1 干贝洗净，放入水碗；蟹味菇和茶树菇去根、洗净，切成细丁；葱洗净，切成葱花。

2 蒸锅中倒入清水，放入盛有干贝的水碗，大火清蒸15分钟，取出过凉备用。

3 嫩豆腐取出，切成2cm见方的块，整齐摆放于盘中，备用。

4 压碎蒸好的干贝，然后往水碗里加入淀粉、生抽和白胡椒粉，调匀成芡汁。

5 依次将蟹味菇丁、茶树菇丁和碎干贝均匀铺在嫩豆腐上；锅中倒入1小勺油，烧热，加芡汁，煮沸后淋在嫩豆腐上。

6 蒸锅里倒入清水，大火烧开后放入盘子，蒸至熟透出锅，淋上香油、撒上葱花，即可食用。

双菇干贝蒸豆腐怎么做才味香色美？

首先，应选择肚胀饱满、色泽浅黄的干贝和新鲜水嫩的豆腐；双菇去蒂，切细丁，平铺在豆腐上，好入味，也好蒸煮。干贝属于海产品，肉质鲜美，与双菇结合，味道更加鲜美。

干贝营养价值较高且味道鲜美，

其肌肉细嫩，各种微量元素之间的比例恰当，

蛋白质含量高，脂肪含量少，有滋阴明目的作用；

豆腐是清热、润燥的养生食物，常吃豆腐可以补中益气、清洁肠胃。

35 分钟　中级　3 人

草菇蒸鸡

材料： 草菇6朵、鸡腿2只

调料： 盐2小勺、老抽1大勺、料酒1大勺、白糖1大勺、熟鸡油1小勺、水淀粉1大勺、葱粒10个、姜5片

🕐 **35分钟**　🍲 **初级**　🍽 **2人**

> 鸡肉和草菇都含有丰富的蛋白质及维生素，能促进人体新陈代谢和抗病能力。
> 其中，草菇所含的一种异种蛋白质，有助于消灭癌细胞。
> 研究还发现，食用草菇还有助于排出体内重金属，达到解毒的效果。

制作方法

① 草菇用温水洗净，去掉根蒂后再次洗净。

② 然后将草菇放入煮沸的水中，快速焯烫后切成小块。

③ 鸡肉切成2cm见方的块，先用凉水浸泡去血水，然后用温水洗净、滗干。

④ 取一蒸碗，放入鸡肉块和切好的草菇块。

⑤ 加入盐、老抽、料酒、白糖、熟鸡油、水淀粉、葱粒、姜片拌匀。

⑥ 蒸锅加水煮沸，放入蒸碗，大火蒸20分钟即可。

草菇蒸鸡怎么做才鲜香入味？

清蒸的方法突出了菜肴的原汁原味，使鸡肉与草菇相互入味提鲜，因此此菜不宜添加重口味的调料调味。还要注意的是，为了去除鸡肉的腥味，烹饪前先将鸡肉浸泡和多次清洗的步骤不可缺少。

奶油蘑菇汤

材料：洋葱半个、口蘑5朵、彩椒半个、面粉半碗、清水3碗
调料：黄油6大勺、盐0.5小勺、白胡椒粉0.5小勺、淡奶油5大勺（约100g）

🕐 20分钟　🍲 中级　🥣 2人

黄油中蛋白质丰富，还含有大量维生素 A、矿物质，
其味道香甜，深受青少年喜爱，常吃黄油还能促进骨骼发育；
口蘑中有一种天然抗氧化剂，
与同样有抵抗氧化之功的洋葱同吃，延缓衰老的作用更好。

制作方法

倒入清水目的是避免面粉结块

1 洋葱去皮、洗净，切丝；口蘑洗净，切片，焯水；彩椒洗净，切丁，备用。

2 炒锅烧热，放入5大勺黄油，小火烧至黄油融化，再放入面粉，炒至颜色微黄。

3 倒入3碗清水，边倒水，边快速搅拌，至面汤浓稠。

4 另起锅烧热，加1大勺黄油，下入洋葱丝，中火炒至颜色微黄、香味飘出。

5 接着放入口蘑、彩椒翻炒，裹匀黄油后，倒入面汤，大火煮沸。

6 最后，加盐、白胡椒粉、淡奶油，搅拌均匀，再次煮沸后即可。

奶油蘑菇汤怎么做才味道香浓？

炒面粉时，要用小火不断拌炒，将面粉炒出微微发焦的香味；倒水时，要边倒边搅，使面糊逐渐黏稠，这样蘑菇汤口感才更佳；此汤除了奶香外，还融合了食材鲜味，尤其炒洋葱时，更要炒出洋葱的香味才可。

鲜贝菌菇粥

材料： 鲜香菇5朵、海鲜菇10根、鸿禧菇10根、芹菜1根、香葱2根、冷冻鲜贝半碗、大米半碗、开水4碗

调料： 盐2小勺、香油1小勺

制作方法

1 鲜香菇洗净，切片；海鲜菇、鸿禧菇洗净；芹菜洗净，切成碎丁；香葱洗净，切成葱花，备用。

2 将所有蘑菇和芹菜放入滚水焯烫；冷冻鲜贝退冰、焯水，备用。

3 大米放入冷水浸泡15分钟，淘洗干净后，放入锅中，加4碗开水，中火煮30分钟，做成米粥。

4 粥熟后，放入芹菜丁、碎鲜贝和所有菌菇，搅拌均匀。

5 加盐调味，用小火焖5分钟。

6 最后，撒上葱花，淋入香油，即可盛出食用。

鲜贝菌菇粥怎么做才清香味鲜？

海鲜菇、鸿禧菇香味独特，若替换其他菌类，鲜味会大打折扣；冻鲜贝略带腥味，但经滚水焯烫之后不仅能去腥，还能保持干贝的原始鲜味；烫过的鲜贝拌入米粥，这样鲜贝的香味才能融入粥中，使粥味更好。

菌类养生效用极强，其中香菇富含 18 种人体必需氨基酸，
香菇多糖能增强身体免疫力，有降压、防流感的作用；
海鲜菇和鸿禧菇的营养价值也极高，而且低热量、低脂肪，
鸿禧菇的抗氧化能力非常强。

🕐 **40 分钟**　🍲 **初级**　😋 **4 人**

猪肚菇三鲜汤

材料： 猪肚菇1盒、油菜5棵、粉丝1把、鱼丸10颗

调料： 盐1小勺、胡椒粉0.5小勺、鸡汁1小勺、香油1小勺

制作方法

① 猪肚菇洗净，撕成小块；油菜洗净，掰开，备用。

② 粉丝泡发，对半切开，备用。

③ 锅中倒入清水，大火烧沸后放入鱼丸，煮制2分钟。

④ 待鱼丸浮起来，依次放入猪肚菇和粉丝，加盐、胡椒粉、鸡汁调味。

⑤ 煮制约8分钟时，将油菜倒入锅里。

⑥ 淋入1小勺香油，继续炖煮1分钟，成熟后关火出锅，即可食用。

猪肚菇三鲜汤怎么煮才汁香味醇？

煮猪肚菇三鲜汤时，猪肚菇比较大，撕成小块，容易入味；油菜则不能煮太久，否则会变软，不仅影响口感，还会破坏营养成分。另外，在三鲜汤中加入盐、胡椒粉和鸡汁，可以增鲜提香。

猪肚菇具清脆、爽嫩、鲜美的口感，
其蛋白质含量与金针菇等相仿。
猪肚菇的元素物质分子结构小，可直接被人体吸收利用。

⏱ 15分钟　🍲 初级　🍜 2人

花菇玉米排骨汤

材料： 花菇3朵、甜玉米1根、胡萝卜1根、葱1根、香菜2根、
猪小排3根、姜3片、山楂5片、陈皮1块

调料： 料酒2小勺、盐2小勺、胡椒粉1小勺

🕐 1 小时 50 分钟　🍲 中级　🍱 4 人

玉米中亚油酸含量丰富，还含有大量植物纤维，能促进身体排毒，降低胆固醇；玉米含有的维生素 E 具有活化细胞的功能，可以延缓衰老；玉米中还有大量维生素 C，可提高免疫力，适合高血压、高血脂者食用。

制作方法

1 花菇去蒂、洗净，切块；甜玉米洗净、去须，切段；胡萝卜去皮、洗净，斜切成块，备用。

2 葱洗净，斜切成段；香菜洗净，切成小段，备用。

3 猪小排用清水泡去血水，洗净后剁成3cm见方的块，再入沸水焯烫，撇去浮沫，捞出，滗干水分。

4 锅中放入适量清水，大火烧开后放入排骨块，加入葱段和姜片，继续熬煮。

5 烧开后烹入料酒去腥，放入山楂片、陈皮，转小火焖制1小时。

6 然后依次放入甜玉米、胡萝卜、花菇，大火烧开后，转小火再炖制约40分钟，加盐和胡椒粉调味，撒上香菜段即可食用。

花菇玉米排骨汤怎么做才汤鲜味美？

做花菇玉米排骨汤时，烹入料酒，可去除腥味；放入山楂和陈皮，也可提鲜增香。而先用大火煮开，再转小火慢熬，可使食材内的蛋白质尽可能地溶解出来，使汤汁醇香鲜美。

香菇鸡汤火锅

材料：红枣3颗、干香菇10朵、姜1块、小母鸡半只、清水6碗、枸杞1大勺

配菜：宽粉1把、粉丝1把、香菜4根、菠菜1盘、油麦菜1盘、白萝卜1个

调料：料酒1大勺、盐3小勺、白糖1小勺

🕐 2小时　🍲 中级　🍜 4人

常喝鸡汤，可以加快呼吸道的血液循环，促进黏液分泌，
对于缓解咳嗽、喉咙痛等症状有疗效。
香菇的蛋白质含量高，脂肪含量低，可以提高免疫力、延缓衰老，
与鸡汤搭配，特别有益于体弱多病者补养身体。

制作方法

❶ 红枣泡10分钟，洗净；干香菇温水浸泡30分钟，去蒂、洗净；姜去皮、洗净，切片。

❷ 宽粉、粉丝均洗净、泡发；香菜去根，洗净；菠菜、油麦菜去老叶，洗净，切长段；白萝卜去皮，切片。

❸ 将母鸡肉块斩切成大块，洗净，备用。

❹ 将鸡块、红枣、香菇、姜片放入砂锅，淋入料酒，加入清水。

❺ 大火煮沸，再转小火慢炖1小时后，加入枸杞。

❻ 火锅中加入盐、白糖调味，大火煮沸后，即可涮食配菜。

香菇鸡汤火锅怎么做才清香入味？

鸡汤中加入香菇，待香菇独特的芳香融入汤底，会特别增进食欲。除了熬煮香菇使之入味的方法外，浸泡香菇的水也不要丢弃，泡菇水中溶解了香味物质和香菇部分营养，用香菇水做菜，味道会更好。

50 分钟　中级　2 人

鲜蘑焖鸡砂锅煲

材料： 鲜蘑8个、小红辣椒3个、青尖椒1个、嫩鸡半只、香葱末1小勺、葱5段、姜5片

调料： 油2大勺、料酒1大勺、生抽大勺、冰糖4颗、盐2小勺

鲜蘑焖鸡砂锅煲怎么做才鲜香入味？

此砂锅煲应用了炒和炖两种烹调手法，既有煸炒的香又不失炖的嫩滑。鸡肉煸炒时一定要用小火慢慢炒至表皮出油，这样炖出来的肉更香。鲜蘑用清水洗净，去除了蘑菇内的土腥味，才能更好吸收肉香。

作为一种高蛋白、低脂肪的营养保健食品，
鲜菇能促进人体对食物中营养成分的吸收。
所以，鲜蘑搭配鸡肉不仅滋味鲜美，
更有助于人体吸收补充鸡肉中蛋白质等多种营养成分，
帮助增强体力、强壮身体。

制作方法

1 鲜蘑洗净；小红辣椒洗净，切成斜段；青尖椒洗净、去籽，切圈，备用。

2 嫩鸡去除内脏后，洗净，剁成小块。

3 鸡肉用温水清洗几遍，去除血水。

4 起锅热油，用小火慢慢煸炒鸡块，直至鸡肉出油。

5 然后倒入料酒、生抽、冰糖、盐，翻炒1分钟，使鸡肉表面均匀上色。

6 接着放入鲜蘑，翻炒均匀。

7 然后加入半碗热水、大火烧开。

8 将葱段和姜片铺在砂锅底部，再将烧开的鸡肉和鲜蘑倒入砂锅。

9 用小火炖20分钟，出锅前撒入青红辣椒和香葱末，焖1分钟即可。

菌汤火锅

材料： 葱白1段、生姜1块、鸡架骨1副、猪棒骨1根

配菜： 鲜香菇4朵、金针菇1把、鸡腿菇4根、鸭血1块、木耳4朵、冬瓜1块、土豆1个、肥牛卷1盘

调料： 油2大勺、香油2小勺、料酒2大勺、盐1.5大勺、白糖1大勺

制作方法

❶ 葱、姜均去皮、洗净，切片；鸡架骨洗净，斩成小块；猪棒骨洗净，斩段。

❷ 锅中加油，放入猪棒骨、鸡架和葱、姜，中火炒至变色后，加入香油、料酒，加足量清水，大火煮沸，撇去浮沫。

❸ 小火熬1小时后，加盐、白糖调味，捞出骨头，放入菌类，煮出香味即成。

❹ 鲜香菇泡入温水，轻轻洗去表面泥污；金针菇、鸡腿菇分别去根、去蒂、洗净，备用。

❺ 鸭血洗净，切成厚片；温水泡发木耳，去蒂、洗净，撕成小片；冬瓜、土豆均去皮、洗净，切片。

❻ 火锅中加入熬好的菌汤底，大火煮沸后，即可涮食肉类和蔬菜。

菌汤火锅怎么做才香醇浓厚？

菌汤锅底好吃的关键在于菌菇的鲜味和骨头浓汤的味道相互结合。要想煮出醇厚的骨头汤，要先用油煸炒猪骨和鸡骨，使骨头上的油脂和蛋白质都融入油中，这样再加水炖汤，肉香质的香气就会慢慢释放。

蘑菇不但味道鲜美，其所含有的蛋白质和氨基酸也均高于一般蔬菜。
蘑菇中含有多种维生素，热量也相对较低，
能减少人体对碳水化合物的吸收，是日常生活中不可缺少的健康食品。

⏱ 1 小时 30 分钟　🥢 中级　🍚 4 人

好评
热卖中

百变面点主食
作者◎赵立广 定价/25.00

松软的馒头和包子、油酥的面饼、爽滑的面条、软糯的米饭……本书是一本介绍各种中式面点主食的菜谱书，步骤讲解详细明了，易懂易操作；图片精美，看一眼绝对让你馋涎欲滴，口水直流！

幸福营养早餐
作者◎赵立广 定价/25.00

油条豆浆、虾饺菜粥、吐司咖啡……每天的早餐你都吃了什么？本书菜色丰富，有流行于大江南北的中式早点，也有风靡世界的西方早餐；不管你是忙碌的上班族、努力学习的学子，还是悠闲养生的老人，总有一款能满足你大清早饥饿的胃肠！

魔法百变米饭
作者◎赵之维 定价/25.00

你还在一成不变地吃着盖浇饭吗？你还在为剩下的米饭而头疼吗？看过本书，这些烦恼一扫而光！本书用精美的图片和详细的图示教你怎样用剩米饭变出美味的米饭料理，炒饭、烩饭、焗烤饭，寿司、饭团、米汉堡，让我们与魔法百变米饭来一场美丽的邂逅吧！

爽口凉拌菜
作者◎赵立广 定价/25.00

老醋花生、皮蛋豆腐、蒜泥白肉、东北大拉皮……本书集合了各地不同风味的爽口凉拌菜，从经典的餐桌必点凉拌菜到各地的民间小吃凉拌菜，多方面讲解凉拌菜的制作方法，用精美的图片和易懂的步骤，让你一看就懂，一学就会！

活力蔬果汁
作者◎加 贝 定价/25.00

你在家里自己做过蔬果汁吗？你知道有哪些蔬菜和水果可以搭配吗？本书即以最有效的蔬果汁饮法为出发点，让你用自己家的榨汁机就能做出各种营养蔬果汁，养颜减脂、强身健体……现在，你还在等什么？赶紧行动起来吧！